이론 정리 + 모의고사

합격을 위한 가장 완벽한 자격 검정 기본서

Barista

바리스타 2급

필기 대비 모의고사집

정설화 · 김인환 저

Barista

바리스타 2급

필기 대비 모의고사집

초판 1쇄 발행 2019년 07월 08일
초판 11쇄 발행 2023년 06월 07일

지은이 정설화, 김인환, 한국바리스타자격검정협회
펴낸이 한준희
펴낸곳 (주)아이콕스

기획/편집 다온미디어
디자인 다온미디어
영업 김남권, 조용훈, 문성빈
영업지원 김효선, 이정민

주소 경기도 부천시 조마루로385번길 122 삼보테크노타워 2002호
홈페이지 www.icoxpublish.com
쇼핑몰 www.baek2.kr (백두도서쇼핑몰)
이메일 icoxpub@naver.com
전화 032-674-5685
팩스 032-676-5685
등록 2015년 7월 9일 제 386-251002015000034 호
ISBN 979-11-6426-093-5

※정가는 뒤표지에 있습니다.
※잘못된 책은 구입하신 서점에서 교환해드립니다.

이탈리아어로 '바 안에서 만드는 이'를 일컬으며 수로 칵테일을 만들어 내는 '바텐더'와 구분히여 '좋은 원두를 선택하고 커피 머신을 완벽히 활용해 커피에 대한 고객의 입맛을 최대한 충족시켜 줄 수 있는 전문가'를 의미하는 '바리스타(Barista)'...

그 이름에 부합한 전문적인 바리스타로 성장해 가기 위해서는 무엇보다 커피 원두는 물론 머신을 명확히 이해하고 보다 완벽한 에스프레소의 추출 기술을 익히는 당연한 직업적 능력뿐만이 아니라, 어떻게 해야 그 커피 머신의 성능을 잘 유지/관리할 것인지에 대한 고민부터 나아가 매장을 떠나는 순간에 이르기까지 고객들에게 최대한의 만족감을 선사하고자 하는 마음가짐까지 갖춰야 한다고 생각합니다.

이에 본 도서는 먼저 원두와 에스프레소 추출, 그리고 우유 스티밍 등 전반적인 바리스타의 기초 직능 분야를 다루는 '커피학'을 살펴보고, 이후 '커피 머신'과 '그라인더'에 대한 이해를 더한 후 '매장 관리'와 서비스 제공자로서 바리스타가 갖춰야 할 '자세'와 '필수 지식'들을 순서대로 기술함으로써 총 4회차의 모의고사를 통해 학습을 마무리할 수 있도록 구성하였습니다.

또한 각 단원이 마무리될 때에는 이후 모의고사 부분에서 다루게 될 문제 유형들을 다룸으로써 본 자격 검정이 지향하는 출제 의도 및 경향을 명확히 파악할 수 있도록 돕고 있으므로 반드시 정리된 실무 이론 파트를 세부적으로도 잘 살피고 익혀 가시길 바랍니다.

부디 본 교재에 담긴 내용들이 저마다 키우고 계신 독자 여러분들의 소중한 꿈을 완성할 첫 번째 주춧돌이 되길 기원하며, 책의 전반적인 구조 및 내용에 대해 같이 의논하고 검수해 주신 기획자분들과 협회 관계자 여러분, 그리고 집필하는 기간 내내 묵묵히 응원하고 지원해 준 가족 및 동료분들께 감사의 말씀을 전합니다.

저자 정설화, 김인환

커피 제조 마스터 2급

1. 인증시험의 개요 : 커피원두에 대한 이해와 지식을 갖추고 커피를 정확하게 추출하여 에스프레소와 카푸치노를 제조할 수 있는 능력을 평가하는 민간자격 검정입니다.

2. 응시자격 및 조건

연령: 해당없음

학력: 제한없음

기타사항: 본 협회에서 인정하는 교육기관에서 커피 제조 마스터 2급 교육을 이수한 자

3. 응시료 및 접수

종목	시험과목	응시료	접수방법
커피 제조 마스터 2급	필기	50,000원	상시검정은 지정 검정장을 통해 접수 가능하며, 무통장입금 혹은 카드결제가 가능
	실기	80,000원	

4. 검정과목 및 검정기준

❶ 커피 제조 마스터 2급(필기) 검정기준

구분	시험과목	시험문항	시험시간	합격기준
필기	1. 커피의 이해 2. 커피추출의 이해 3. 에스프레소 머신의 이해 4. 에스프레소 그라인더의 이해 5. 매장관리의 이해	객관식(20문항) / 주관식(10문항)	50분	총점 100점의 60점 이상

❷ 커피 제조 마스터 2급(실기) 검정기준

구분	시험과목	평가내용	시험시간	평가점수
실기	사전준비	커피머신 작동 및 사전준비에 대한 평가	3분	8점
	에스프레소 제조(2잔)	3분 안에 에스프레소 2잔을 제조하면 추출방법 및 청결·정리정돈과 크레마 밀도와 에스프레소 밀도 등을 평가	3분	30점
	카푸치노 제조(2잔)	5분 안에 카푸치노 2잔을 제조하면 카푸치노 조리방법 및 비주얼과 밀도, 카푸치노 맛의 조화 등을 평가	5분	54점
	복장 및 서비스	적절한 복장 및 서비스 자세	–	8점
합격 기준	총점 100점의 60점 이상			

커피 제조 마스터 1급

1. 인증시험의 개요 : 커피에 대한 이해 및 에스프레소 장비에 대한 기본지식과 커피 추출과정에 대한 기본 실무지식을 통해 고객의 입맛에 최대한의 만족을 주는 에스프레소와 라떼아트를 제조할 수 있는 능력을 평가하는 검정입니다.

2. 응시자격 및 조건

연령: 해당없음

학력: 제한없음

기타사항: 본 협회에서 인정하는 교육기관에서 커피 제조 마스터 1급 교육을 이수한 자

본 협회에서 시행하는 커피 제조 마스터 2급 자격을 취득한 자

3. 응시료 및 접수

종목	시험과목	응시료	접수방법
커피 제조 마스터 1급	필기	60,000원	상시검정은 지정 검정장을 통해 접수 가능하며, 무통장입금 혹은 카드결제가 가능
	실기	90,000원	

4. 검정과목 및 검정기준

❶ 커피 제조 마스터 1급(필기) 검정기준

구분	시험과목	시험문항	시험시간	합격기준
필기	1. 커피의 이해 2. 커피추출의 이해 3. 에스프레소 머신의 이해 4. 에스프레소 그라인더의 이해 5. 우유의 이해 6. 위생, 서비스	객관식(20문항) / 주관식(10문항)	50분	총점 100점의 70점 이상

❷ 커피 제조 마스터 1급(실기) 검정기준

구분	시험과목	평가내용	시험시간	평가점수
실기	에스프레소 센서리	심사위원이 에스프레소 10㎖ 3잔을 나누어 제조하면 수험생이 3잔을 각각 시음하여 순서를 명시하고 일치성을 확인	2분	8점
	사전준비 및 분쇄도 조절	준비작업 및 분쇄도 조절 능력 등을 평가	10분	11점
	에스프레소 제조(2잔)	3분 안에 에스프레소 2잔을 제조하면 추출방법 및 청결 · 정리정돈과 크레마 밀도와 에스프레소 맛과 감촉 등을 평가	3분	27점
	라떼아트 제조(2잔)	• 5분 안에 하트, 튤립, 로제타 중에서 두 개를 선택하여 제조 • 라떼아트 제조 방법 및 숙련도와 라떼아트의 비주얼(대칭, 대비, 광택, 위치 등) 및 맛의 조화를 평가	5분	50점
	서비스 평가	적절한 복장 및 서비스 자세	–	4점
합격 기준	총점 100점의 70점 이상			

CHAPTER 01

커피의 이해

UNIT 01
커피학

1.1 커피의 역사 / 전파

1. 커피의 역사

이탈리아의 언어 학자인 파우스투스 나이론(Faustus Nairon)이 1671년에 출판한 책에 나오는 이야기로 커피의 유래는 6~7세기경 에티오피아 '칼디'라는 목동에 의해 시작된다.

그 외에도 오마르의 전설, 모하메드의 전설 등 다양한 이야기가 있는데 가장 널리 알려진 이야기는 칼디의 전설이다.

에티오피아의 목동인 칼디는 염소들이 빨간 열매를 먹고 신이 난 듯 뛰는 모습에 호기심이 생겨 자신도 열매를 먹어보았고, 그 후 정신이 맑아지고 기운이 샘솟는 기분에 곧장 이슬람 사원의 사제들에게 이러한 사실을 알렸다고 한다.

이야기를 전해들은 사제들은 열매를 갈아 물에 녹여 마셔보니 정신이 맑아지고 잠을 쫒는 효과가 있다는 걸 알게 되었고, 철야기도를 할 때 맑은 정신으로 정진할 수 있었다.

커피의 어원은 정확한 역사적 기록은 없으나 학설에 따르면 최초 에티오피아 지명의 kaffa(카파)와 고대 아랍어에서 유래된 카와(Qahwah)이다. 또한 나라별 명칭은 Kahue(터키어), kave(헝가리), caffe(이탈리아), café(프랑스), kaffee(독일), koffie(네덜란드), kaffe(덴마크), coffee(영국)이다.

2. 커피의 전파

커피는 처음 음료로서가 아닌 '각성제'나 '흥분제', '진정제' 등의 약으로 쓰이면서, 에티오피아의 주요 교역품이 되었다. 1500년경 아라비아 남단 예맨 지역에서 최초의 대규모 커피 경작을 하였고, 모카(Mocha) 항을 중심으로 커피 수출이 본격화되면서 희소성이 뛰어난 커피의 반출을 금기하고자 씨앗을 끓는 물에 담가 발아력을 파괴하여 재배가 이루어지지 않도록 조치하는가 하면 또한 외부인의 커피 농장 출입을 금지하고 커피 나무가 외부에 반출되지 않도록 엄격히 관리하였다.

그러나 1600년경 이슬람 승려 바바 부단(Baba Budan)이 커피 씨앗을 몰래 훔쳐 인도 마이소어(Mysore) 지역에 심어 재배하였고, 네덜란드인 피터 반 덴 브루케(Pieter van den Broecke)는 모카에서 커피 나무를 훔쳐 와 식물원에서 재배하였으며 그 후 실론(Ceylon,지금의 스리랑카)과 자국 식민지인 자바(Java) 지역에 커피를 경작하였다.

3. 국가별 커피 전파

1) 이탈리아

1615년 베니스의 무역상으로부터 최초로 유럽에 커피가 소개되었다.

초기에는 '이슬람 사람들이 마시는 음료'라는 이유로 배척되었으나 교황 클레멘트 8세가 커피를 맛보고는 많은 사람들이 누려야 한다며 커피에 세례를 주어 이후 널리 알려지게 된다.

1645년 유럽 최초의 커피 하우스가 이탈리아에 생겨난다.

2) 프랑스

1686년 프로코피오 콜텔리(Francesco Procopio dei Coltelli)가 파리 최초의 커피 하우스인 커피숍 '프로코프(Cafe de Procope)'를 열었고, 1714년 루이 14세가 네덜란드인으로부터 커피 나무를 선물받아 파리 식물원에서 재배하게 되었다.

또한 1723년 해군 장교 끌리외(Gabriel Mathieu de Clieu)가 카리브해에 있는 마르티니크 섬에 커피를 심었고 이후 카리브해와 중남미 지역에 커피가 전파되었다.

3) 영국

1650년 영국 최초의 커피 하우스 'Angel'이 유태인 야곱(Jacob)에 의해 생겨났으며, 1652년 그리스인 파스콰 로제(Pasqua Rosée)에 의해 런던 최초의 커피 하우스가 문을 열게 되었다.

1688년 에드워드 로이드(Edward Lloyd)가 런던에 커피 하우스를 열었는데 이는 오늘날의 세계적인 로이드 보험 회사로 발전하는 계기가 되었고, 'The Royal Society'라는 사교 클럽이 옥스퍼드에 생겨나기도 했다.

4) 미국

1691년 '거터리지' 커피 하우스(Gutteridge Coffee House)가 미국 보스턴에 최초로 생겨났고, 1696년에는 뉴욕 최초의 커피 하우스인 '더 킹스 암스(The King's Arms)'가 문을 열었다.

5) 한국

1896년 아관파천 당시 고종 황제는 러시아 공사관으로 피신을 하였는데 그때 러시아 공사인 베베르(Karl Ivanovich Weber)를 통해 커피를 접하였고, 덕수궁 안에 '정관헌'이라는 곳을 지어 커피를 즐겼다고 한다. 우리나라에서의 커피의 명칭은 최초 서양에서 건너온 국물이라 하여 '양탕국'이라 불리었고, 최초의 커피 하우스는 1902년 손탁이라는 독일 여성이 지은 '손탁 호텔(Sontag Hotel)'이다.

6) 세계 커피 연혁표

연도	내용
600년경	에티오피아 목동 칼디가 커피를 발견
900년경	아라비아 의사 Rhazes가 처음으로 커피에 대해 기술

1000년경	아랍의 무역상들이 예멘에 처음 커피를 경작
1473년	콘스탄티노플에 최초의 커피 하우스 Kiva Han이 생겨남
1511년	이스탄불 최초의 커피 하우스가 생겨남
1600년경	이슬람 승려 Baba Budan이 커피 씨앗을 훔쳐 인도의 Mysore 지역에 심음
1615년	이태리 무역상으로부터 커피가 유럽에 소개됨
1616년	네덜란드 상인 Pieter van den Broecke가 커피 묘목을 훔쳐 자국 식민지에 재배
1645년	유럽 최초의 커피 하우스가 이탈리아에 생겨남
1650년	영국 최초의 커피 하우스 Angel이 생겨남
1652년	런던 최초의 커피 하우스 Pasqua Rosée가 생겨남
1686년	프랑스 최초의 커피 하우스 Café de Procope가 생겨남
1696년	네덜란드가 인도네시아 자바 지역에서 최초로 커피를 상업적으로 재배함
1691년	미국 최초의 Gutteridge Coffee House가 보스턴에 생겨남
1696년	뉴욕 최초의 커피 하우스 The King's Arms가 생겨남
1721년	베를린 최초의 커피 하우스가 생겨남
1723년	프랑스 장교 끌리외(Gabriel Mathieu de Cileu)가 카리브해에 마르티니크 섬에 커피를 심음
1732년	요한 세바스찬 바하가 *커피 칸타타를 작곡함 *커피에 대한 송시(訟詩)로, 독일 여성들이 커피를 마시지 못하게 하는 운동에 반대하는 노래
1888년	일본 최초의 커피 하우스가 도쿄에 생겨남
1895년	한국인 최초로 고종 황제가 러시아 공사관에서 커피를 접함
1901년	Luigi Bezzera가 에스프레소 기계의 특허를 출원 일본계 미국인 약사 카토(Satori Kato)가 최초의 인스턴트 커피를 발명
1908년	독일 메리타 벤츠(Frau Melitta Bentz)가 최초의 드립식 커피 기구를 개발함
1938년	브라질 당국의 과잉 재고 처리 요청에 따라 네슬레(Nestle)社가 동결 건조(FD) 방식을 개발함

	M. Cremonesi가 피스톤 펌프식 에스프레소 머신을 개발함
1946년	이탈리아 Achille Gaggia가 상업적 용도인 피스톤식 에스프레소 머신을 개발. 크레마 탄생
1961년	M. Faema가 자동 에스프레소 머신을 개발함
1971년	전 세계적인 브랜드 스타벅스가 시애틀에 1호점을 개설함
1973년	공정무역 커피(Fair-Trade Coffee)가 과테말라 커피를 유럽에 처음 수출함

1.2 커피의 나무 / 품종

1. 커피 나무

꼭두서닛과(Rubiaceae)의 코페아(Coffea)속(屬) 다년생 쌍떡잎 식물로 열대성 상록 교목이며, 나무는 품종에 따라 최고 10m 이상 자라나 수확에 용이하도록 나무의 키를 '2m 이내'로 유지한다.

잎은 둥근 타원형으로 길쭉한 형태를 띠며, 색은 짙은 청록색으로 광택이 나고 잎 끝이 뾰족하다.

열매는 빨간색으로 둥근 형태이며, 길이는 2~3mm로 체리와 생김새가 비슷해 '커피 체리'라 칭한다. 또한 꽃잎은 흰색으로 자스민 향이 나고 품종에 따라 아라비카(5장), 로부스타(7장)으로 나뉜다.

2. 커피 체리의 구조

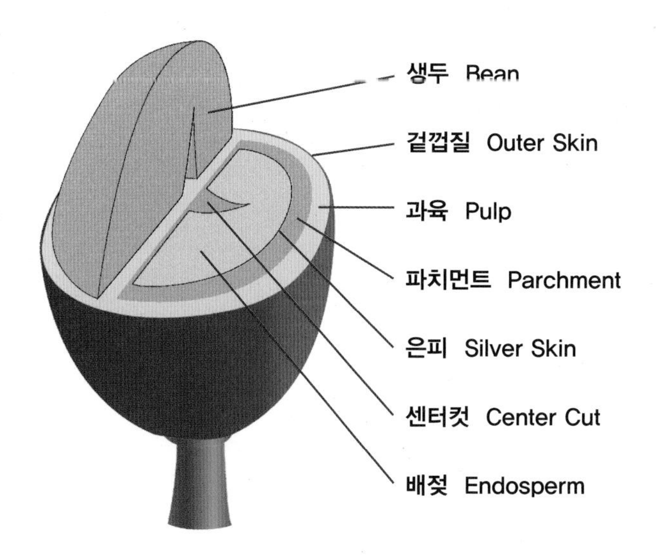

커피체리는 겉부터 '외과피(Pericarp)', '펄프(과육, Pulp)', '파치먼트(내과피, Endocarp)', '은피(Silver Skin)'로 구성되고, 일반적인 체리 안에는 2개의 생두가 마주보고 있으며 생두 단면의 가운데 홈을 '센터컷(Center Cut)'이라고 한다.

혹 체리 안에 2개가 아닌 1개의 콩이 들어 있는 경우를 '피베리(Peaberry)', 3개가 들어 있는 경우 '트라이앵글러 빈(Triangular bean)'이라고 칭한다.

3. 커피 품종

커피 품종은 100여 가지 이상으로 많은 품종이 있으나 상업적으로 재배되는 품종으로는 코페아속 아라비카(Coffea Arabica) 종의 '아라비카(Arabica)', 코페아속 카네포라(Coffea Canephora) 종의 '로부스타(Robusta)'이며, 전세계 생산량으로는 아라비카 60~70%, 로부스타 30~40% 등이다.

△ 로부스타　　△ 아라비카

품종	내용
Typica	아라비카 원종에 가장 가까운 품종
Bourbon	부르봉 섬에서 발견된 돌연변이 품종
Mundo novo	버번과 티피카의 자연 교배 품종
caturra	버번의 돌연변이 품종
Catuai	문도노보와 카투라의 인공 교배 품종
Catimor	HDT(Hibrido de Timor)와 카투라의 인공 교배 품종
Maragogype	티피카의 돌연변이 품종
Colombia Variety	카티모르 계통의 품종
Kent	인도 고유 품종(티피카와 타 품종의 교배설)
Amarello	'노란색'이라는 뜻으로 '옐로우 버번', '옐로우 카투아이' 등이 있음
Maracatura	마라고지페와 카투라의 교배 품종
Pacamara	파카스와 마라고지페의 교배 품종

1.3 커피의 재배 / 수확

1. 커피 재배

커피는 열대, 아열대 지역 등 적도를 중심으로 '남위 25°에서 북위 25° 사이' 구간에서 자라는데, 이 지역 범위를 가리켜 커피 벨트(Coffee Belt) 혹은 커피 존(Coffee Zone)이라고 한다.

아라비카 품종은 해발 800~2000m 열대의 비교적 서늘한 고원 지대에서 자라며 적정 연간 강수량은 1500-2000mm, 평균 기온은 15-24℃ 정도의 배수 조건이 좋은 화산 토양에서 자란다.

로부스타 품종은 해발 700m 이하의 고온 다습한 저지대에서 자라는데, 적정 강수량은 연간

2000~3000mm, 기온은 24~30℃로 아라비카 품종보다 병충해에 강하다.

품종	아라비카	로부스타
원산지	에티오피아	콩고
주요 생산 국가	브라질, 콜롬비아, 코스타리카	베트남, 인도네시아, 인도, 브라질
재배 고도	800~2000m	700m 이하
적정 기온	15~24℃	24~30℃
적정 강수량	1500~2000mm	2000~3000mm
번식	자가 수분	타가 수분
카페인 함량	평균 1.4%	평균 2.2%
병충해	약함	강함
생산량	60~70%	30~40%
숙성 기간	6~9 개월	9~11 개월

2. 커피 수확

커피 수확은 나라별로 다르지만 한 해에 한 번 수확하는 것이 일반적이며, 우기와 건기의 구분이 뚜렷하지 않은 나라에서는 1년에 2번의 개화기가 있어 수확도 두 번 이루어진다.

수확하는 방법은 크게 2가지로 구분되는데, '기계 수확(Mechanical Harvesting)'과 사람의 손으로 직접 수확하는 '핸드 피킹(Hand Picking)' 등이 있으며 주로 핸드 피킹 방식으로 이루어지며, 일반적인 핸드 피킹 방식에서 또 한번 파생된 '스트리핑(Stripping)' 방식도 사용된다.

1) 기계 수확(Mechanical Harvesting)

나무 사이를 지나며 나무에 진동을 주어 한번에 수확하는 방식으로, 대량 생산에 효과적이나 덜 익은 체리나 나뭇가지 등이 같이 떨어지는 단점이 있다.

2) 핸드 피킹(Hand Picking)

잘 익은 열매만을 일일이 골라 따는 방식으로 커피 품질이 뛰어나지만 많은 노동력과 인건비 부담의 단점이 있다.

3) 스트리핑(Stripping)

나뭇가지의 끝을 잡고 열매를 훑어 수확하는 방식으로 핸드 피킹보다 빠른 수확과 비용 절감의 장점이 있으나 품질이 균일하지 않고 나뭇잎 등이 섞여 분류 작업을 해야 하는 단점이 있다.

1.4 가공 방법

1. 가공(Processing)방법

가공 방법은 크게 두 가지로, '건식법(Natural, Dry Process)'과 '습식법(Washed Process)'이 있다.

건식법(Natural, Dry Process)은 체리 껍질을 벗기지 않고 체리 그대로 건조시키는 방식으로 브라질이 대표적이며. '이물질 제거 〉 분리 〉 건조' 등의 3가지 과정으로 이루어진다.

습식법(Washed Process)은 물로 정제하는 방식으로 무거운 체리와 가벼운 체리를 물에 흘려보내어 분리한 후 *디펄퍼(Depulper)에 체리를 넣어 과육을 제거하고 발효 과정으로 점액질(Mucilage)을 벗겨 건조시키는 방식으로 '분리 〉 *펄핑 〉 점액질 제거 〉 세척 〉 건조' 순으로 이루어진다.

그 외에도 '펄프드 내추럴, 세미 워시드, 허니 프로세싱' 등이 존재한다.

*디펄퍼(Depulper) : 체리와 씨앗을 분리하기 위해 압착하는 기계로 스크린 펄퍼(Screen Pulper), 디스크 펄퍼 (Disk Pulper), 드럼 펄퍼(Drum Pulper)가 있다.

*펄핑(Pulping) : 커피 체리를 디펄퍼에 넣어 과육을 제거하는 과정

2. 건조(Dry)

커피의 수분 함량을 12%로 낮추기 위한 과정으로 '햇볕 건조'와 '기계 건조' 방식이 있다.

1) 햇볕 건조(Sun drying, Natural drying)

콘크리트나 아스팔트로 된 '파티오(Patio, 건조장)'에 체리를 펼쳐 놓은 후, 갈퀴로 뒤집어 골고루 말려주는 과정으로 12~21일 정도가 소요된다.

또한 그물망이 달려 있는 사각형 틀을 사용한 건조대에 말리는 방식도 있는데, 건조까지 5~10일 정도로 시간을 단축시키고 오염을 방지하는 장점이 있으나 노동력을 많이 필요로 한다.

2) 기계 건조(Mechannical or Artificial drying)

커피의 수분 함량이 20%가 되면 커다란 드럼으로 된 로터리 건조기나 타워형 건조기에 넣어 파치먼트는 40℃, 체리는 45℃의 온도로 건조시킨다.

3. 탈곡(Milling)

탈곡 과정은 크게 생두를 감싸고 있는 파치먼트나 체리 껍질을 벗겨내는 '헐링(Hulling)'과 은피(Silver Skin)를 제거하여 생두에 광택을 내는 '폴리싱(Polishing)'으로 구분된다.

1.5 생두의 분류

1. 생두의 분류

생두는 크게 '국가별로 정해진 기준'과 'SCA에 의한 분류 기준'에 따라 분류되곤 하는데, 먼저 국가별 기준으로는 크게 '결점두(Defect Bean)에 의한 분류, 생산(재배) 고도에 의한 분류, 스크린 사이즈(크기)에 의한 분류'로 나뉜다.

1) 결점두(Defect Bean)에 의한 분류

'결점두'는 재배와 수확, 가공까지의 모든 과정에서 발생 가능한 각종 원인으로 인하여 손상된 생두를 일컫는다.

결점두에 의한 분류를 사용하는 대표적인 나라는 '브라질, 인도네시아'로서, 샘플 300g의 생두에 섞여 있는 결점두의 수를 가지고 점수로 환산하여 분류한다.

등급의 명칭은 '브라질 No.2-8', '인도네시아 Grade 1-6' 등이다.

2) 생산(재배) 고도에 의한 분류

생두가 생산된 지역의 고도에 의한 분류로서 이를 사용하는 대표적인 나라는 '과테말라, 코스타리카, 멕시코, 온두라스, 엘살바도르' 등이다.

등급 명칭으로는 과테말라, 코스타리카의 최상급이 'SHB(Strictly Hard Bean)'이며, 멕시코, 온두라스, 엘살바도르는 최상급을 'SHG(Strictly High Grown)'으로 표기한다.

3) 스크린 사이즈(크기)에 의한 분류

'스크린 사이즈(생두의 크기)'에 따른 분류를 사용하는 대표적인 나라로는 '콜롬비아, 케냐, 탄자니아'가 있는데, 등급 명칭의 경우 콜롬비아는 '수프리모(Supremo)'로 나타내며 케냐와 탄자니아는 'AA'로 표기한다.

스크린 No.	크기mm	English	Spanish	Colombia	Africa
20	7.94	Very Large Bean	–	–	
19	7.54	Extra Large Bean			AA
18	7.14	Large Bean	Supeior	Supremo	A
17	6.75	Bold Bean			
16	6.35	Good Bean	Segunda	Excelso	B
15	5.95	Medium Bean			
14	5.55	Small Bean	Tercera		C
13	5.16	Peaberry	Caracol		PB
12	4.76				
11	4.30		Caracoli		
10	3.97				
9	3.57		Caracolillo		
8	3.17				

*스크린 사이즈 1은 1/64인치로 약 0.4mm이다.

2. SCA 기준에 의한 분류

'SCA(Specialty Coffee Association)'는 스페셜티 커피 협회로서 커피 교역의 문제점을 토론하고 스페셜티 커피의 기준을 세우는 비영리 단체를 일컫는데, 그 분류 기준으로는 '스페셜티 그레이드(Specialty Grade)'와 '프리미엄 그레이드(Premium Grade)'가 있다.

등급	등급 기준
스페셜티 그레이드 (Specialty Grade)	프라이머리 디펙트(Primary Defect)와 퀘이커는 한 개도 허용되지 않으며 풀 디펙트(Full Defect)가 5개 이내, 커핑점수 80점 이상이어야 한다.
프리미엄 그레이드 (Premium Grade)	프라이머리 디펙트(Primary Defect)가 허용되며 풀 디펙트(Full Defect)가 8개 이내 퀘이커(Quaker)는 100g당 3개까지 허용된다.

*프라이머리 디펙트(Primary Defect) : 커피 향미에 크게 영향을 미치는 결점두

*퀘이커(Quaker) : 제대로 발육되지 않거나 안익은 체리로 수확되어 로스팅시 색이 다르게 나타나는 원두

★ 풀 디펙트(Full Defect) 환산표

다음은 결점두를 점수로 환산한 표로서, 크게 2가지 기준으로 커피 품질에 영향이 강한 결점두를 '프라이머리 디펙트(Primary Defect)', 비교적 영향이 적은 결점두를 '세컨더리 디펙트(Secondary Defect)'로 분류하며 각 결점두마다 풀 디펙트로 환산한다.

프라이머리 디펙트 (Primary Defect)	풀 디펙트 (Full Defect)	세컨더리 디펙트 (Secondary Defect)	풀 디펙트 (Full Defect)
풀 블랙(Full Black)	1	파셜 블랙(Partial Black)	3
풀 사워(Full Sour)	1	파셜 사워(Partial Sour)	3
드라이 체리, 포드 (Dry Cherry, Pod)	1	파치먼트(Parchment)	5
펑거스 데미지 (Fungus Damaged)	1	플루터(Floater)	5
시비어 인섹트 데미지 (Severe Insect Damaged)	5	이머춰, 언라이프 (Immature, Unripe)	5
포린 매터(Foreign Matter)	1	위덜드(Withered)	5
		쉘(Shell)	5
		브로큰, 칩트, 컷 (Broken,Chipped, Cut)	5

		헐, 헐스크(Hull, Husk)	5
		슬라이트 인섹트 데미지 (Slight Insect Damaged)	10

3. 생두 기간별 분류

생두를 수확한 시점부터 현 시점까지의 경과 기간을 기준으로는 다음과 같이 분류된다.

구 분	기 간	수분 함량
뉴 크롭 (New Crop)	1년 이내	13% 이하
패스트 크롭 (Past Crop)	1~2년	11% 이하
올드 크롭 (Old Crop)	2년 이상	9% 이하

연습 문제

01. 다음 ( )에 들어갈 단어는 무엇인가?

커피의 유래는 6~7세기경 ( )에서 시작되었으며, 가장 널리 알려진 전설은 ( )의 전설이다.

① 에티오피아, 칼디 ② 예맨, 칼디

③ 에티오피아, 오마르 ④ 예맨, 오마르

02. 1600년경 커피 씨앗을 몰래 훔쳐 인도 마이소어(Mysore) 지역에서 재배한 인물은 누구인가?

① 바바 부단(Baba Budan)

② 파스콰 로제(Pacqua Rosée)

③ 프로코피오 콜텔리(Procopio dei Coltelli)

④ 피터 반 덴 브루케(Pieter van den Broecke)

03. 커피의 어원이 아닌 것은 무엇인가?

① kaffa ② Kahue ③ Coffea ④ Qahwah

04. 1615년 베니스의 무역상으로부터 유럽에 커피가 전파된 나라는 어디인가?

① 포르투칼 ② 영국 ③ 이탈리아 ④ 프랑스

05. 이슬람 사람들이 마시는 음료라 배척하였으나 커피에 세례를 주어 유럽에 전파할 수 있도록 한 인물은 누구인가?

① 클레멘트 8세 ② 클레멘트 4세

③ 프로코피오 콜델리 ④ 클레멘트 6세

06. 1686년 파리 최초의 커피 하우스인 커피숍 프로코프(Cafe de Procope)를 개장한 인물은 누구인가?

① 에드워드 로이드(Edward Lloyd) ② 프로코피오 콜텔리(Procopie dei Coltelli)

③ 파스콰 로제(Pacqua Rosée) ④ 끌리외(Gabriel Mathieu de Clieu)

07. 1652년 런던 최초의 커피 하우스를 연 인물은 누구인가?

① 에드워드 로이드(Edward Lloyd) ② 끌리외(Gabriel Mathieu de Clieu)

③ 프로코피오 콜텔리(Procopie dei Coltelli) ④ 파스콰 로제(Pacqua Rosée)

08. 다음 (　　)에 들어갈 단어는 무엇인가?

1688년 에드워드 로이드(Edward Lloyd)가 런던에 커피 하우스를 열었고, 이는 오늘날의 세계적인 로이드 보험 회사로 발전하는 계기가 되었다.

또한 옥스퍼드에서는 ( )라는 사교 클럽이 생겨나기도 했다.

① 로얄 소사이어티 (The Royal Society)

② 노블 소사이어티 (The Noble Society)

③ 로이드 소사이어티 (The Lloyd Society)

④ 그랜드 소사이어티 (The Grand Society)

09. 다음 중 최초의 커피 하우스가 아닌 것은?

① 미국 – 거터리지 커피 하우스(Gutteridge Coffee House)

② 한국 – 정관헌(JungGwanHeon)

③ 파리 – 커피숍 프로코프(Cafe de Procope)

④ 영국 – 파스콰 로제(Pacqua Rosée)

10. 다음 ( )에 들어갈 단어는 무엇인가?

1896년 ( )당시 고종 황제는 러시아 공사관으로 피신하였는데 이때 러시아 공사관인 베베르(Karl Ivanovich Weber)를 통하여 커피를 처음 접하였고, 덕수궁 안에 ( )이라는 곳을 지어 커피를 즐겼다고 한다.

(/)

11. 커피 나무에 대한 설명으로 잘못된 것을 고르시오.

① 커피 나무는 꼭두서닛과(Rubiaceae)의 코페아(Coffea)속(屬) 다년생 쌍떡잎 식물로 열대성 상록 교목이다.

② 열매는 빨간색으로 둥근 형태이며, 길이는 2~3mm로 체리와 비슷하게 생겼다.

③ 잎은 타원형으로 길쭉한 형태를 띠며, 색은 짙은 청록색으로 광택이 난다.

④ 꽃잎은 흰색으로 자스민 향이 나고 아라비카는 7장, 로부스타 5장이다.

12. 다음 설명 중 커피 체리에 대한 내용으로 옳은 것은 무엇인가?

① 커피 체리는 겉면부터 외과피–과육–내과피–은피–생두로 이루어져 있다.

② 커피 체리는 겉면부터 외과피–과육–은피–내과피–생두로 이루어져 있다.

③ 체리 안에 세 개의 생두가 들어 있는 경우 이를 피베리라 칭한다.

④ 체피 안에 세 개의 생두가 들어 있는 경우 이를 플랫빈이라 칭한다.

13. 아라비카와 로부스타 중 카페인 함량이 더 많은 것은 무엇인가?

( )

14. 다음 설명 중 커피 품종과 설명이 잘못 연결된 것을 고르시오.

① Typica – 아라비카 원종에 가장 가까운 품종

② Caturra – 버번의 돌연변이종

③ Catuai – 버번과 카투라의 인공 교배종

④ Catimor – HDT(Hibrido de Timor)와 카투라의 인공 교배종

15. 커피는 열대, 아열대 지역의 적도를 중심으로 커피를 재배하기 적합한 범위는 무엇인가?

① 남위 20℃ – 북위 20℃ ② 남위 25℃ – 북위 20℃

③ 남위 25℃ – 북위 25℃ ④ 남위 20℃ – 북위 25℃

16. 다음 설명 중 틀린 것을 고르시오.

① 아라비카 품종은 해발 고도 800~2000m, 로부스타는 해발 고도 700m이하에서 재배된다.

② 아라비카는 타가 수분, 로부스타는 자가 수분을 한다.

③ 아라비카는 연평균 적정 강수량이 1500~2000mm이다.

④ 아라비카는 로부스타보다 병충해에 약하다.

17. 커피의 3대 품종을 식물학적 명칭으로 쓰시오.

(/ /)

18. 다음 설명으로 맞는 것을 쓰시오.

잘 익은 열매만을 골라 따는 방식으로 커피 품질이 뛰어나지만 많은 노동력과 인건비 부담의 단점이 있다.

( )

19. 다음 중 가공 방법이 아닌 과정을 고르시오.

① 세미워시드 프로세싱 ② 밀링 프로세싱

③ 허니 프로세싱 ④ 내추럴 프로세싱

20. 다음 중 커피 수확 방법이 아닌 것은 무엇인가?

① 펄핑 (Pulping) ② 핸드 피킹 (Hand Picking)

③ 스트리핑 (Stripping) ④ 기계 수확 (Mechanical Harvesting)

21. 다음 커피 생산국의 분류 기준으로 틀린 것은 무엇인가?

① 코스타리카 수프리모 ② 케냐 AA

③ 과테말라 SHB ④ 멕시코 SHG

22. 체리와 씨앗을 분리하기 위해 압착하는 기계를 펄퍼라 하는데 다음 중 펄퍼의 종류가 아닌 것은 무엇인가?

① 디스크 펄퍼 (Disk Pulper) ② 스크린 펄퍼 (Screen Pulper)

③ 드럼 펄퍼 (Drum Pulper) ④ 로터리 펄퍼 (Rotary Pulper)

23. 다음 중 생두의 등급 분류 기준이 아닌 것은 무엇인가?

① 결점두에 의한 분류

② 수분 함량에 의한 분류

③ 생산 고도에 의한 분류

④ 스크린 사이즈에 의한 분류

24. 다음 설명 중 맞는 것을 고르시오.

프라이머리 디펙트(Primary Defect)와 퀘이커는 한 개도 허용되지 않으며, 풀 디펙트(Full Defect)가 5개 이내, 커핑 점수 80점 이상이어야 한다.

① 스탠다드 그레이드(Standard Grade)

② 프리미엄 그레이드(Premium Grade)

③ 스페셜티 그레이드(Specialty Grade)

④ 엑설런스 그레이드(Excellence Grade)

25. 다음 괄호 안에 들어갈 말을 쓰시오.

커피 품질에 영향이 강한 결점두는 (   ) 디펙트이며, 비교적 영향이 적은 결점두를 (   ) 디펙트라고 분류한다.

[/   ]

▶▶ 연습 문제 해답 ◀◀

01 ① 02 ① 03 ③ 04 ③ 05 ① 06 ② 07 ④ 08 ① 09 ② 10 아관파천, 정관헌 11 ④

12 ① 13 로부스타 14 ③ 15 ③ 16 ② 17 코페아속 아라비카, 코페아속 카네포라, 코페아속 리베리카

18 핸드 피킹 19 ② 20 ① 21 ① 22 ④ 23 ② 24 ③ 25 프라이머리, 세컨더리

UNIT 02

에스프레소

2.1 에스프레소의 이해

에스프레소(Espresso)는 20세기 초반 이탈리아에서 유래된 커피로, 미세하게 분쇄된 커피 입자에 고압 · 고온 하의 물을 가해 빠르게 추출하는 방식이다.

에스프레소를 추출하면 '갈색의 천연 커피 크림'이 추출되는데 이를 크레마(Crema)라고 부르며, 크레마는 커피 원두에 포함되어 있는 오일이 증기에 노출되면서 표면 위로 떠 오른 것으로 커피 향을 담고 있다.

2.2 에스프레소의 추출

'스페셜티 협회(Specialty Coffee Association)' 기준에는 에스프레소 1잔의 분쇄 커피양은 '7~10g', 추출량은 '25~35mL', 추출 시간은 '20~30초' 등으로 규정되어 있으나 나라와 지역, 커피를 즐기는 문화와 에스프레소 기계의 특성, 바리스타에 의해 추출 기준은 조금씩 달라진다.

스페셜티 협회 기준		이탈리아 기준	
커피양	7~10g	커피양	6.5~8g
추출량	25~35mL	추출량	25~30mL
추출시간	20~30초	추출시간	30~35초
추출압력	9~10bar	추출압력	9~10bar
물 온도	90.5°~96.1℃	물 온도	90°~95℃

1. 에스프레소 추출 과정

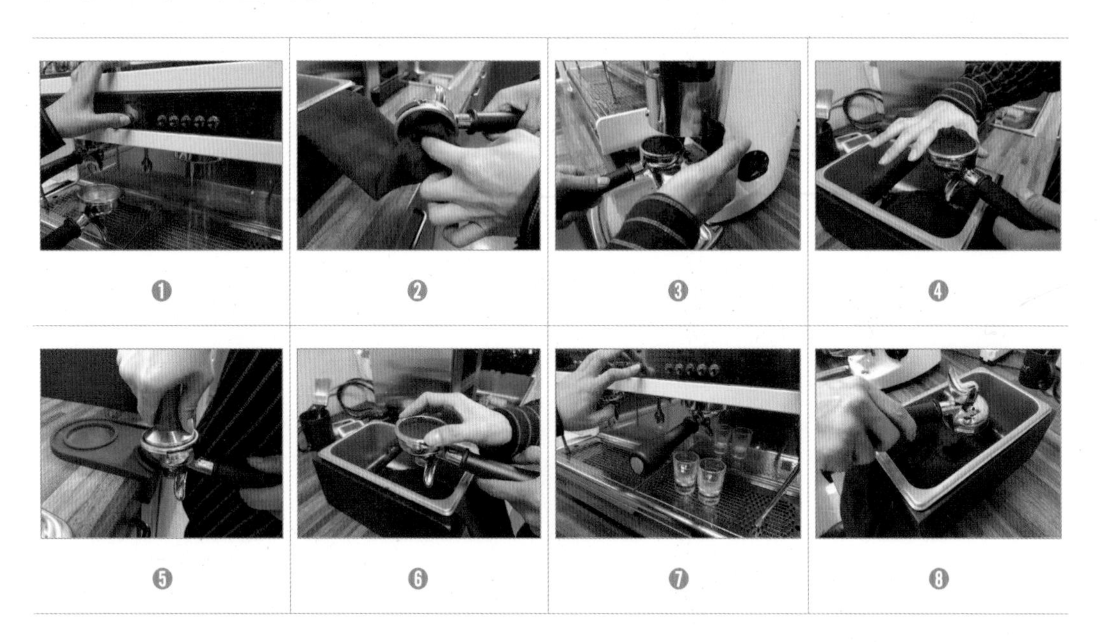

❶ 그룹 헤드에서 포터 필터를 분리한 후 물 흘리기로 열수와 남아 있는 잔여 찌꺼기를 빼 준다.

❷ 필터 홀더를 깨끗하게 닦아 내고 건조한다.

❸ 그라인더를 작동시켜 필터 홀더에 분쇄된 커피 가루를 담는 작업인 '도징(Dosing)'을 한다.

❹ 필터 홀더에 쌓인 커피를 손이나 도구를 사용하여 수평이 되도록 해주는 작업인 '레벨링(Levelling)'을 한다.

❺ 탬퍼를 사용하여 포터 필터와 '탬퍼(Tamper)'의 수평을 맞춘 후 이를 다져 주는 '탬핑(Tamping)'을 처리한다.

❻ 탬핑이 완료되면 포터 필터 가장자리 부분을 털고 그룹 헤드에 장착한 후 [추출] 버튼을 누른다.

❼ 추출이 완료되면 추출된 잔을 옮기고 포터 필터를 분리하여 물을 흘린 후 커피 케이크를 찌꺼기 통(Nock Box, Dump Box)에 버린다.

❽ 필터 홀더를 깨끗하게 닦아 내고 그룹 헤드에 장착한다.

*탬퍼(Tamper) : 탬핑을 하는 도구

2. 과소 추출과 과다 추출

정상적인 에스프레소는 풍부한 향미를 가지고 있으나 짧은 시간에 추출되기 때문에, 여러 추출 요소에 따라 잘못된 추출 결과가 나올 수 있다.

커피의 성분이 적게 나온 것은 과소 추출(Under Extraction), 반대로 커피의 성분이 많이 나온 것을 과다 추출(Over Extraction)이라 한다.

	과소 추출(Under extraction)	과다 추출(Over extraction)
분쇄 입자	너무 굵은 분쇄 입자	너무 가는 분쇄 입자
커피 사용량	너무 적은 분쇄 커피	너무 많은 분쇄 커피

추출 온도	기준보다 낮은 온도	기준보다 높은 온도
추출 시간	너무 짧은 추출 시간	너무 긴 추출 시간
탬핑 강도	기준보다 약한 경우	기준보다 강한 경우

2.3 *에스프레소 메뉴*

에스프레소 메뉴	
리스트레토 (Ristretto)	일반적인 에스프레소보다 추출 시간을 짧게 하여 15mL 이하로 추출된 에스프레소
룽고(Lungo)	'롱(Long)'의 의미로 일반적인 에스프레소보다 추출 시간을 길게 하여 40mL 이상 추출된 에스프레소
도피오(Dopio)	'더블 에스프레소(Double Espresso)'를 뜻하며 '더블샷(Double Shot)' 혹은 '투 샷(Two Shot)'이라고 한다.
콘파나 (Caffè Con Panna)	에스프레소 위에 휘핑 크림을 올린 메뉴
에스프레소 마키아토 (Espresso Macchiato)	에스프레소에 소량의 우유 거품을 올린 메뉴
카페 라테 (Caffe Latte)	에스프레소에 우유를 넣어 부드럽게 즐기는 메뉴
카푸치노 (Cappuccino)	에스프레소에 우유와 거품의 조화로 라떼보다 우유량이 적어 조금 더 진하며. 전체 양은 150–180mL이다.
아메리카노 (Americano)	에스프레소에 물을 희석하여 제조한 메뉴
아인슈패너 (Caffé Einspänner)	뜨거운 아메리카노에 휘핑 크림을 얹은 메뉴로 '비엔나 커피'라고도 불린다.

샤케라토 (Shakerato)	이탈리아어로 '흔들다(Shake)'라는 뜻으로 셰이커에 에스프레소와 얼음, 물을 넣은 후 흔들어 제조한 커피로서 풍부한 거품이 특징이다.

연습 문제

01. 미세하게 분쇄된 커피 입자에 고압 · 고온 하의 물을 가해 빠르게 추출하는 방식의 커피를 무엇이라 하는가?

① 크레마　　② 에스프레소　　③ 더치 커피　　④ 핸드 드립

02. 커피 원두에 포함되어 있는 오일이 증기에 노출되어 표면 위로 떠오른 것으로 커피 향을 담고 있는 성분은 무엇인가?

(　　　　　　　　　　)

03. 다음 (　　) 안에 들어갈 단어는 무엇인가?

> 스페셜티 협회(Specialty Coffee Association) 기준에 따르면, 에스프레소 한잔 분쇄 커피양은(　　　)g, 추출시간 (　　　)초, 추출량은 (　　　)ml 이다.

① 5~7g, 20~30초, 20~30mL

② 7~10g, 20~30초, 20~30mL

③ 5~7g, 25~35초, 25~35mL

④ 7~10g, 20~30초, 25~35mL

04. 다음 추출 과정으로 알맞을 것을 고르시오.

① 포터 필터 건조 청결 – 물 흘리기 – 도징 – 레벨링 – 탬핑 – 그룹 헤드 장착 – 추출 – 포터 필터 청결

② 포터 필터 건조 청결 – 물 흘리기 – 레벨링 – 도징 – 탬핑 – 그룹 헤드 장착 – 추출 – 포터 필터 청결

③ 포터 필터 건조 청결 – 물 흘리기 – 탬핑 – 도징 – 레벨링 – 그룹 헤드 장착 – 추출 – 포터 필터 청결

④ 포터 필터 건조 청결 – 레벨링 – 도징 – 탬핑 – 그룹 헤드 장착 – 물 흘리기 – 추출 – 포터 필터 청결

05. 다음 (　　)안에 들어갈 단어를 쓰시오.

커피의 성분이 적게 나온 것은 (　　　　), 반대로 많이 추출된 것을 (　　　　)이라고 한다.

(　　　　　　　　/　　　　　　　　)

06. 기준보다 가는 커피 분쇄 입자로 높은 온도에서 에스프레소를 추출할 경우 잘못된 추출 결과가 나오는데 이를 무엇이라 하는가?

(　　　　　　　　　　　　　　　　)

07. 다음 설명 중 틀린 것을 고르시오.

① 아메리카노 – 에스프레소에 물을 희석한 메뉴

② 콘파나 – 에스프레소 위에 휘핑 크림을 올린 메뉴

③ 카페 라테 – 에스프레소에 우유를 넣은 메뉴

④ 도피오 – 에스프레소를 길게 추출한 메뉴

08. 뜨거운 아메리카노에 휘핑 크림을 올린 메뉴로, '비엔나'라고도 불리는 커피의 이름은 무엇인가?

① 리스트레토　② 룽고　③ 아인슈페너　④ 샤케라토

09. 이탈리아어로 '흔들다(Shake)'라는 뜻으로 셰이커에 에스프레소와 얼음, 물을 넣은 후 흔들어서 제조한 커피로 풍부한 거품이 특징인 이 커피의 이름은 무엇인가?

(　　　　　　　　　　　　　　　　)

10. 다음 중 설명에 해당하는 메뉴를 고르시오.

'롱(Long)'의 의미로 일반적인 에스프레소보다 추출 시간을 길게 하여 40mL 이상 추출된 메뉴

① 리스트레토　　② 룽고　　③ 도피오　　④ 콘파나

▶▶ 연습 문제 해답 ◀◀

01 ②　02 크레마　03 ④　04 ①　05 과소 추출, 과다 추출

06 과다 추출　07 ④　08 ③　09 샤케라토　10 ②

UNIT 03

우유

3.1 우유의 성분

우유의 대표 성분은 '수분, 단백질, 탄수화물, 지방, 무기질' 등으로 구성되어 있고, 이 중 약 88%가 수분으로서 크게 수분과 총 고형분으로 구분된다.

수분을 제외한 총 고형분은 '(유)지방'과 '무지 고형분'으로 분류되며, 무지 고형분은 '유기질'과 '무기질'로 구성되고, 유기질은 '질소 화합물'과 '무질소 화합물'로 나눌 수 있다.

1. 단백질

우유의 단백질은 '80%의 카세인(Casein, 불용성 단백질)'과 나머지 20%를 차지하는 '유청 단백질(수용성 단백질)'로 이루어져 있는데, 유청 단백질은 '베타-락토글로불린', '락토알부민', '락토페린' 등 '수용성 단백질'로 구성되어 있다.

우유의 흰색을 띠게 하는 성분인 카세인은 칼슘이나 인과 같은 무기질의 흡수를 촉진시키고, 우유의 성분들이 물과 원활하게 결합할 수 있게 해준다.

유청 단백질 중 베타-락토글로불린은 우유를 높은 온도로 가열했을 때 냄새(가열취)가 나는 요인이 되며, 우유 표면에 얇은 막을 생기게 한다.]

락트알부민은 우유가 가진 비린내의 요인이 되고, 락토페린은 우유의 항균 성분이다.

2. 탄수화물

수분 다음으로 많은 성분인 우유의 탄수화물은 유당(Lactose)으로, 포도당과 갈락토즈(Galactose)가 1대 1로 결합되어 만들어진 이당류이며, 우유의 단맛을 내는 것은 모두 유당에 의한 것으로서 감미도는

설탕의 약 1/3 수준이다.

유당은 소장에서 유당 분해 효소에 의해 '포도당'과 '갈락토즈'로 분해되어 혈액으로 흡수되는데, 유당 분해 효소가 없으면 유당은 소화되지 못하고 대장으로 넘어가 '유당 불내증'을 일으킨다.

*유당 불내증(Lactose Intolerance)

유당이 대장으로 들어가 미생물에 의해 분해되어 가스가 발생 되고 이로 인해 복부의 경련, 팽배 등의 증상이 일어나고 설사를 초래하는 현상

3. 지방

우유에 있는 지방을 유지방이라고 하며 유지방은 '우유 지방질(Milk Lipid)'이라고도 불린다. 유지방은 대부분이 '트리글리세리드'와 '인지방질', '스테롤'과 '지용성 비타민'으로 구성되어 있으며 대부분 '유지방구(Milk Fat Globule)'와 '유지방구 막'에 존재한다.

지방구(脂肪球, Fat Globule)는 지방의 형태가 동그란 구형으로 우유 거품 제조 시 거품의 안정화 역할을 해준다.

4. 무기질(미네랄)

무기질은 '칼슘, 인, 나트륨, 칼륨, 마그네슘, 황' 등이 균형 있게 함유되어 있으며 그 중 '양이온 무기질(칼슘, 칼륨, 나트륨)' 함량이 높아 알칼리성 식품으로 분류된다.

우유 무기질 중 가장 많은 것은 '칼륨'으로 '나트륨, 염소'와 같이 물에 용해된 상태로 존재한다. 이에 비해 '칼슘'과 '인'은 물에 용해된 상태(가용성) 또는 카제인과 A-락토알부민에 결합한 상태(콜로이드성)의 것이 있다.

3.2 우유 스티밍

1. 우유 스티밍 원리

1~1.5bar의 높은 압력의 수증기로 우유 표면에 마찰을 일으켜 거품을 생성하고 온도를 높이는 것으로 '공기 주입-혼합'의 순서로 이루어진다.

'공기 주입'을 통해 우유 표면에 마찰을 일으키면 열에 의해 풀어진 단백질은 공기를 가두게 되어 거품을 형성하고, '혼합(롤링, Rolling)'을 통해 지방과 단백질을 결합시켜 거품의 밀도를 높여 준다.

우유의 온도가 40℃ 이상이 되면 우유 성분이 농축되어 단백질이 응고되므로, 공기 주입은 온도가 올라가기 전에 마치는 것이 좋다.

또한 우유는 68℃ 이상이 되면 단백질, 아미노산 등의 성분이 분해되어 우유의 비린내가 발생하므로, 너무 높은 온도로 스티밍하지 않는 것이 좋다.

2. 우유스티밍 방법

❶ ❷ ❸ ❹ ❺ ❻

❶ 스팀 피처에 냉장 우유를 붓는다.

❷ 행주로 스팀 노즐 팁을 감싼 후 기계 안쪽으로 스팀 밸브를 열어 수증기를 분사한다.

❸ 스팀 노즐 팁 연결선까지 우유에 담근 후 스팀 밸브를 열어 준다.

❹ 스팀 피처를 천천히 내려 공기 주입을 하며 원하는 높이까지 우유 거품을 만들어 준다.

❺ 원하는 높이의 거품이 만들어지면 온도가 올라갈 때까지 한 자리에서 우유를 혼합(롤링, Rolling)한다.

❻ 원하는 온도가 되면 스팀 밸브를 잠근 후 스팀 행주로 스팀 노즐을 깨끗이 닦아주고, 기계 안쪽을 향해 스팀 노즐을 밀어 둔다.

*스팀 피처(Steam Pitcher) : 우유를 데우거나 거품을 만들 때 사용하는 도구

*스팀 밸브(Steam Valve) : 스팀을 열어주는 밸브이다.

*스팀 노즐(Steam Nozzle) : 스팀이 나오는 통로이다.

*스팀 팁(Steam Tip) : 수증기가 나오는 구멍으로 2개, 3개, 4개 등 다양하다.

연습 문제

01. 다음 우유의 대표 성분이 아닌 것을 고르시오.

① 수분 ② 단백질 ③ 구리 ④ 지방

02. 다음 설명 중 옳은 것을 고르시오.

① 우유의 단백질은 20%의 카세인과 나머지 20%의 유청 단백질로 이루어져 있다.

② 우유의 단백질은 80%의 카세인과 나머지 20%의 유청 단백질로 이루어져 있다.

③ 우유의 단백질은 30%의 카세인과 나머지 70%의 유청 단백질로 이루어져 있다.

④ 우유의 단백질은 70%의 카세인과 나머지 30%의 유청 단백질로 이루어져 있다.

03. 우유를 높은 온도로 가열했을 때 냄새(가열취)가 나는 요인이 되며, 우유 표면에 얇은 막이 생기게 하는 성분은 무엇인가?

① 베타-락토글로불린　　② 락토알부민

③ 락토페린　　④ 갈락토즈

04. 우유의 단맛을 내는 성분은 무엇인가?

① 단백질　　② 지방　　③ 탄수화물　　④ 무기질

05. 유당이 대장으로 들어가 미생물에 의해 분해되어 가스가 발생되고, 이로 인해 복부의 경련, 팽배 등의 증상이 일어나는 현상을 무엇이라 하는가?

(　　　　　　　　　　　　　　　　)

06. 다음 설명 중 틀린 것을 고르시오.

① 카세인은 우유의 성분들이 물과 원활하게 결합할 수 있게 해준다.

② 카세인은 칼슘이나 인과 같은 무기질의 흡수를 촉진시킨다.

③ 락트알부민은 우유 비린내의 요인이 되고, 락토페린은 우유의 항균 성분이다.

④ 유청 단백질은 베타-락토글로불린, 락토알부민, 락토페린 등 지용성 단백질로 구성된다.

07. 다음 단백질 성분이 아닌 것을 고르시오.

① 베타-락토글로블린　　② 카세인

③ 락토알부민　　④ 갈락토즈

08. 형태가 동그란 구형으로, 우유 거품 제조 시 거품의 안정화 역할을 해주는 성분은 무엇인가?

(　　　　　　　　　　　　　　　　)

09. 다음 중 에스프레소 기계의 스팀 압력으로 알맞은 것을 고르시오.

① 1 ~ 1.5bar　　② 1 ~ 1.25bar　　③ 1 ~ 1.75bar　　④ 1 ~ 2bar

10. 다음 설명으로 틀린 것을 고르시오.

① 우유의 온도는 68℃ 이상 가열하면 단백질, 아미노산 등의 성분이 분해되면서 특유의 비린내가 발생한다.

② 우유 표면에 마찰을 일으키면 열에 의해 풀어진 단백질이 공기를 가두게 되어 거품을 형성한다.

③ 온도가 40℃ 이상이 되면 우유 성분이 농축되므로 공기 주입은 온도가 올라간 후에 시작하는 것이 좋다.

④ 우유는 혼합을 통해 지방과 단백질을 붙여 거품의 밀도를 높여 준다.

▶▶ 연습 문제 해답 ◀◀

01 ③ 02 ② 03 ① 04 ③ 05 유당 불내증 06 ④ 07 ④ 08 지방구 09 ① 10 ③

UNIT 01

에스프레소 머신

1.1 이해와 소모품

1. 에스프레소 머신의 역사

과거 에스프레소 머신이 발명되기 전 커피는 천이나 금속을 이용하였으나 기존의 방식은 중력만을 이용하여 커피를 추출하였기 때문에 시간이 오래 걸리고 추출의 변수가 많았기 때문에 상업적으로 적합하지 못한 방법이었다.

이러한 필요성에 의해 1885년 산타이스(Edourard Loysel de Santais)는 파리 만국박람회에서 증기압을 이용해 추출하는 '에스프레소 머신'을 세상에 선보이게 된다.

이는 1시간에 약 2천 잔의 커피를 추출할 수 있을 정도로 생산성이 좋은 머신이었으나 조작이 복잡하여 대중화되지는 못하였다.

그 후 1901년 루이지 베제라(Luigi Bezzera)가 에스프레소 머신의 특허를 출원하였고 이는 '최초의 상업용 에스프레소 머신'이라고 볼 수 있다.

1905년 데지데리오 파보니(Desiderio Pavoni)가 베제라의 '특허 사용권'을 취득한 이후 대중화에 한 발 다가서기 시작했고, 1947년 아킬레 가지아(Achille Gaggia)가 최초로 스프링을 사용한 '피스톤 방식'의 머신을 특허로 출원하였다.

이로써 기존에 '증기압(1.2~1.5 Bar)'을 이용하던 머신과 다르게 '피스톤(9~10 Bar)'을 이용하여 원두가 가지고 있는 지방 성분과 이산화탄소, 휘발성 향미 성분의 응집체인 '크레마(Crema)'가 생성되는 현재의 에스프레소와 유사한 추출이 가능하게 되었다.

2. 에스프레소 머신의 이해

❶ 추출 버튼 ❷ 온수 버튼 ❸ 스팀 레버 ❹ 온수 노즐 ❺ 스팀 노즐
❻ 전원 버튼 ❼ 압력계 ❽ *포터 필터 ❾ 그룹 헤드

*포터 필터(Portafilter) : 필터 홀더 + 필터 배스킷 + 스파웃(추출구) + 손잡이

3. 에스프레소 머신의 소모품

1) 가스켓

역할 : 포터 필터와 그룹 헤드의 결합을 통해 물과 압력의 누출을 방지

교체 주기 : 3개월

교체 시기 : 포터 필터 장착 시 그룹 헤드와 수직이 아닌, 그 이상 넘어 가는 경우 / 포터 필터 장착 시 탄력이 느껴지지 않는 경우 / 가스켓이 경화 되어 가루나 조각이 떨어지는 경우

2) 샤워 스크린

역할 : 미세한 구멍을 통해 9Bar 물의 넓고 균일한 분배를 도움

교체 주기 : 6개월

교체 시기 : 샤워 스크린이 찢어져 불규칙적으로 분출되는 경우 / 샤워 스크린의 미세한 구멍이 막히거나 넓어져서 안정적인 추출이 이루어지지 않는 경우

3) 정수 필터

역할 : 머신 내부의 스케일을 방지하고 커피 추출에 적합한 수질로 정수

교체 주기 : 6개월

교체 시기 : 머신의 물 공급이 원활하지 못한 경우 / 기존의 커피 맛에 부정적인 변화(녹맛)가 생기는 경우

1.2 머신의 종류

1. 수동형 머신

수동형 에스프레소 머신은 바리스타의 힘을 이용하여 머신 내부의 피스톤을 작동시킴으로써 추출하는 방식의 머신이다.

2. 반자동형 머신

반자동형 에스프레소 머신은 별도의 그라인더를 사용해 도징 처리 후 탬핑을 하여 추출하는 방식으로서, 머신 내부에 물의 유량을 조절해주는 '플로우 미터'가 없어 'ON/OFF'로 바리스타가 직접 추출량을 조절하는 방식의 머신이다.

3. 자동형 머신

자동형 에스프레소 머신은 반자동형 머신과 마찬가지로 별도의 그라인더를 사용하여 추출하는 것은 동일하지만 머신 내부에 플로우 미터가 존재하여 메모리 칩에 추출량을 저장한 후 자동으로 추출량 세팅이 가능한 방식의 머신이다.

4. 전자동형 머신

전자동형 머신은 기존의 에스프레소 머신과는 다르게 머신 내부에 그라인더가 내장되어 있고 별도의 도징, 탬핑 과정이 필요 없이 버튼 작동으로 추출까지 이루어지는 방식의 머신이다.

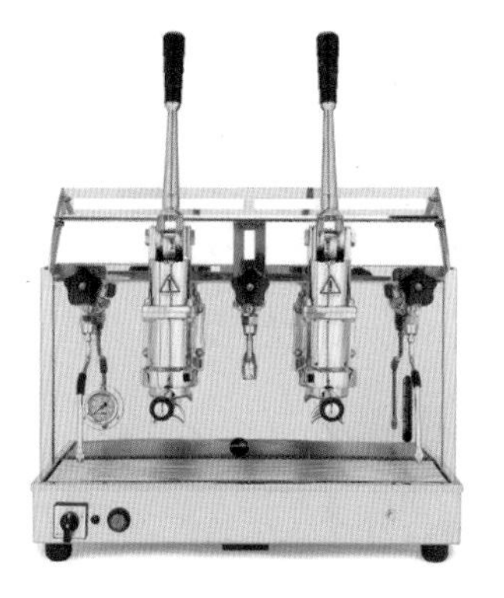

△ 수동형 머신

△ 반자동형 머신

△ 자동형 머신

△ 전자동형 머신

1.3 작동 방법

❶ 그룹 헤드에서 포터 필터를 분리한다.

❷ 포터 필터 내부의 물기와 찌꺼기를 마른 리넨으로 제거한다.

❸ 포터 필터에 적정량의 원두를 담는다.

❹ 손이나 도구를 이용하며 원두 표면이 평평하게 레벨링해 준다.

❺ 탬퍼를 사용하여 레벨링된 원두 표면을 탬핑해 준다.

❻ 포터 필터에 충격이 가지 않게 유의하며 그룹 헤드에 장착한다.

❼ 추출 버튼을 누르고 잔을 포터 필터의 스파웃(추출구) 아래에 위치시킨다.

❽ 추출이 정상적으로 이루어지는지 확인한다.

❾ 원하는 추출이 이루어졌다면 다시 [추출] 버튼을 눌러 마친다.

1.4 머신 청소 방법

1. 그룹 헤드 약품 역류 청소

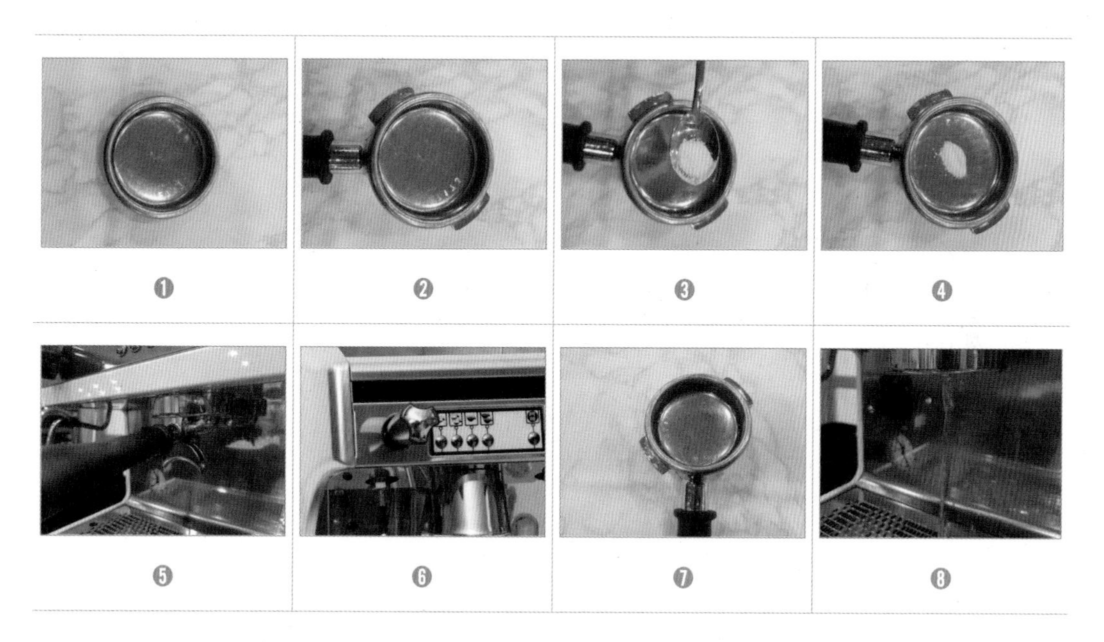

❶ 블라인드 바스켓을 준비한다.

❷ 기존의 바스켓을 분리 후 블라인드 바스켓을 장착한다.

❸ 바스켓 위에 약품을 1스푼(1~2g) 담는다.

❹ 약품이 담긴 필터 홀더를 그룹 헤드에 장착한다.

❺ [연속 추출] 버튼을 눌러 준다.

❻ 30초 가동 후 10초 정지를 5회 반복한다.

❼ 바스켓 위의 약품과 커피 찌꺼기를 청소한다.

❽ 그룹 헤드에서 포터 필터를 분리한 후 일정 시간(30초~1분) [추출] 버튼을 눌러 주어 머신 내부에 남은 약품과 커피 찌꺼기를 제거해 준다.

2. 포터 필터 (필터 홀더) 약품 청소

❶

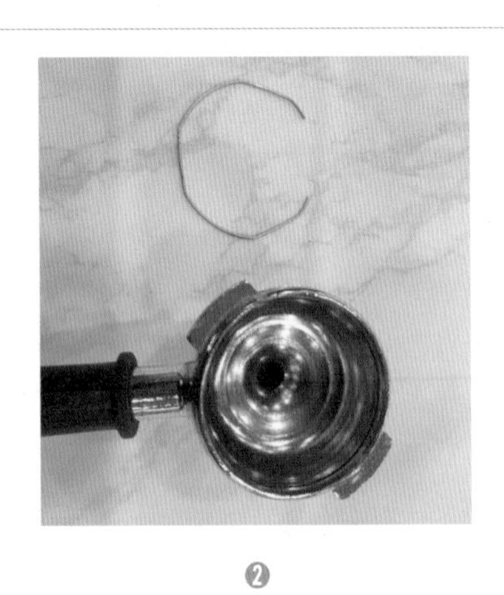

❷

❸

❹

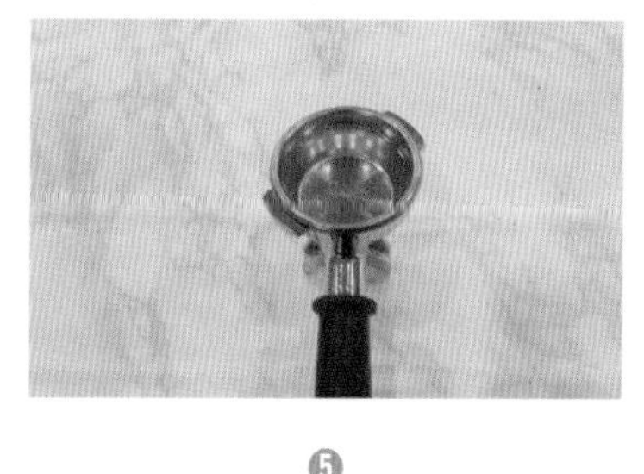

❺

❶ 도구를 사용하여 필터 바스켓을 분리한다.

❷ 필터 홀더 내부의 스프링도 분리해 준다.

❸ 약품을 넣은 뜨거운 물에 필터 바스켓과 스프링을 넣어 약 30분간 충분히 담가 준다.

❹ 깨끗한 물로 세척한 후 마른 행주를 이용하여 물기를 제거해 준다.

❺ '스프링 〉 필터 바스켓' 순으로 장착한다.

3. 스팀봉과 노즐 약품 청소

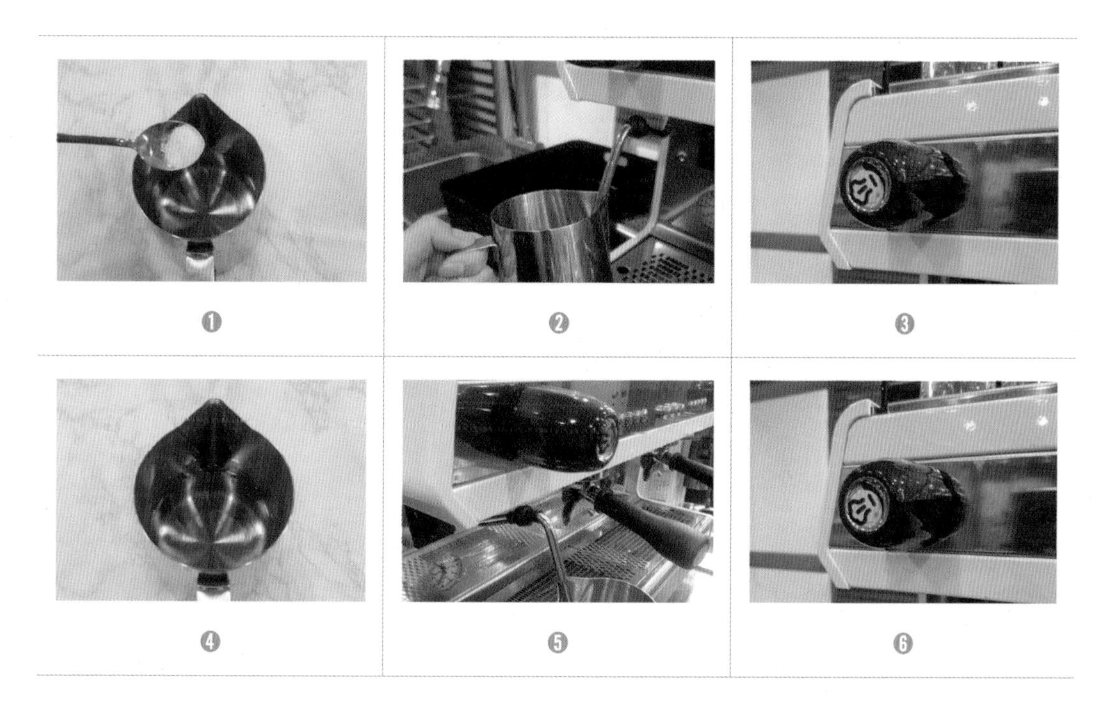

❶ 물이 담긴 스팀 피처에 약품을 1스푼(1~2g) 넣어 준다.

❷ 스팀 노즐이 물에 잠길 수 있도록 피처를 위치시킨다.

❸ 스팀 레버를 돌려 스팀 봉 내부와 외부에 우유 찌꺼기를 제거한다.

❹ 약품이 담긴 물을 비워 준 후 깨끗한 물을 담아 준다.

❺ 스팀 레버를 돌려 노즐 내부와 외부의 약품을 제거한다.

❻ 피처를 제거한 후 스팀을 빼준 후 젖은 행주로 닦아 마무리한다.

연습 문제

01. 에스프레소 머신 최초로 피스톤 방식의 머신을 발명, 크레마를 포함한 현재의 에스프레소의 형태를 추출 가능하게 한 만든 사람은 누구인가?

① 루이지 베제라 (Luigi Bezzera)

② 아킬레 가지아 (Achille Gaggia)

③ 데지데리오 파보니 (Desiderio Pavoni)

④ 산타이스 (Edourard Loysel de Santais)

02. 산타이스의 에스프레소 머신이 대중화되지 못한 가장 큰 이유는 무엇인가?

① 커피 생산성이 낮음

② 머신 조작이 어려움

③ 머신 가격이 높음

④ 머신 제작의 어려움

03. 에스프레소 머신의 종류 중 그라인더가 머신 내부에 존재하여 별도의 도징, 탬핑의 과정이 필요하지 않은 머신은 무엇인가?

① 수동형 머신　　② 반자동형 머신

③ 자동형 머신　　④ 전자동형 머신

04. 에스프레소 머신의 종류 중 피스톤 방식을 사용해 바리스타의 힘으로 압력을 가하는 머신은 무엇인가?

① 수동형 머신　　② 반자동형 머신

③ 자동형 머신　　④ 전자동형 머신

05. 에스프레소 머신의 종류 중 별도의 그라인더를 사용하고 내부에 플로우 미터가 존재하여 추출량 세팅이 가능한 머신은 무엇인가?

① 수동형 머신　　② 반자동형 머신

③ 자동형 머신　　④ 전자동형 머신

06. 에스프레소 머신의 종류 중 별도의 그라인더를 사용하고 플로우 미터가 존재하지 않아 [On/Off] 버튼으로만 바리스타가 추출을 조절할 수 있는 머신은 무엇인가?

① 수동형 머신　　② 반자동형 머신

③ 자동형 머신　　④ 전자동형 머신

07. 에스프레소 머신의 소모품 중 기존의 커피에서 부정적인 변화(녹맛)가 나타날 경우 교체해야 되는 소모품은 무엇인가?

① 가스켓　　② 샤워 스크린

③ 정수 필터　　④ 샤워 홀더

08. 에스프레소 머신의 소모품 중 그룹 헤드와 필터 홀더 간의 장착이 느슨하고 탄력이 느껴지지 않을 경우 교체해야 되는 소모품은 무엇인가?

① 가스켓　　② 샤워 스크린

③ 정수 필터　　④ 샤워 홀더

09. 에스프레소 머신의 소모품 중 추출 시 물이 고르게 나오지 않고 특정 부분에서 분출될 경우 교체해야 되는 소모품은 무엇인가?

① 가스켓　　② 샤워 스크린

③ 정수 필터　　④ 스프링

10. 에스프레소 머신의 청소가 주기적으로 필요한 이유가 아닌 것은 무엇인가?

① 일정한 맛　　② 높은 생산성

③ 위생과 청결　　④ 고장 방지

▶▶ 연습 문제 해답 ◀◀

01 ② 02 ② 03 ④ 04 ① 05 ③ 06 ② 07 ③ 08 ① 09 ② 10 ②

UNIT 02

그라인더

2.1 그라인더의 이해

1. 그라인더의 이해

❶ 호퍼 (Hopper) ❷ 분쇄 조절 디스크 ❸ 도저 (Doser) / 도징 체임버 (Dosing Chamber) ❹ 도징 레버 (Dosing Lever) ❺ 전원 스위치

2.2 그라인더의 종류

1. 날의 종류

1) 칼날형 (Blade)

특징 : 분쇄 시간이 입자 크기에 영향을 줌

(분쇄 시간↑ = 입자↓ / 분쇄 시간↓ = 입자↑)

장점 : 가격이 저렴함 / 분쇄 속도가 빠름

단점 : 발열이 심함 / 입자 조절이 어려움 / 분쇄 입자가 불균형함

2) 코니컬형 (Conical Burr)

특징 : 입체적인 두 날 중 원추형 날이 회전하며 분쇄, 핸드밀(Hand Mill)에서 주로 사용됨

장점 : 발열이 적음 / 다양한 맛을 나타내기 용이함

단점 : 분쇄 속도가 느림

3) 플랫형 (Flat Burr)

특징 : 날이 평평하며 상단의 날은 고정된 상태로 하단의 날이 회전하며 분쇄

장점 : 분쇄 속도가 빠름 / 분쇄 입자가 균일함 / 일정한 맛을 나타내기 용이함

단점 : 발열이 심함

2. 작동 과정

1) 반자동형

반자동형 그라인더는 전원 스위치가 [ON] 상태가 되면 자동으로 분쇄가 시작되며, 분쇄된 원두는 도저(도징 체임버)에 쌓이게 되고 [OFF] 상태가 되어야 분쇄가 끝난다.

바리스타가 도징 레버를 당길 때마다 도저에 쌓여 있던 분쇄된 원두가 포터 필터 안으로 담기게 되는 방식이다.

원두를 도저에 미리 분쇄해 두면 작업 속도가 빨라지지만, 분쇄된 원두가 쌓여 있는 시간이 길어질수록 원두의 산패가 빠르게 진행되며 원두의 향미 손실이 크게 발생할 수 있으니 주의해야 한다.

2) 자동형

자동형 그라인더는 전원 스위치 [ON] 상태에서 포터 필터로 버튼을 누르게 되면, 그라인더 내부의 메모리 칩에 미리 세팅된 시간 동안 그라인더가 작동하며 포터 필터 안으로 분쇄된 원두가 담기게 된다. 버튼을 누를 때마다 일정 시간 동안 분쇄가 이루어지기 때문에 별도의 도저(도징 체임버)를 필요로 하지 않는다. 또한 한 번 사용할 원두만큼만 분쇄를 하기 때문에 원두의 손실이 적고 원두의 산패와 향미 손실의 측면에서 유리하다.

△ 반자동형 그라인더

△ 자동형 그라인더

2.3 작동 방법 및 분쇄도 조절

1. 그라인더 작동 방법

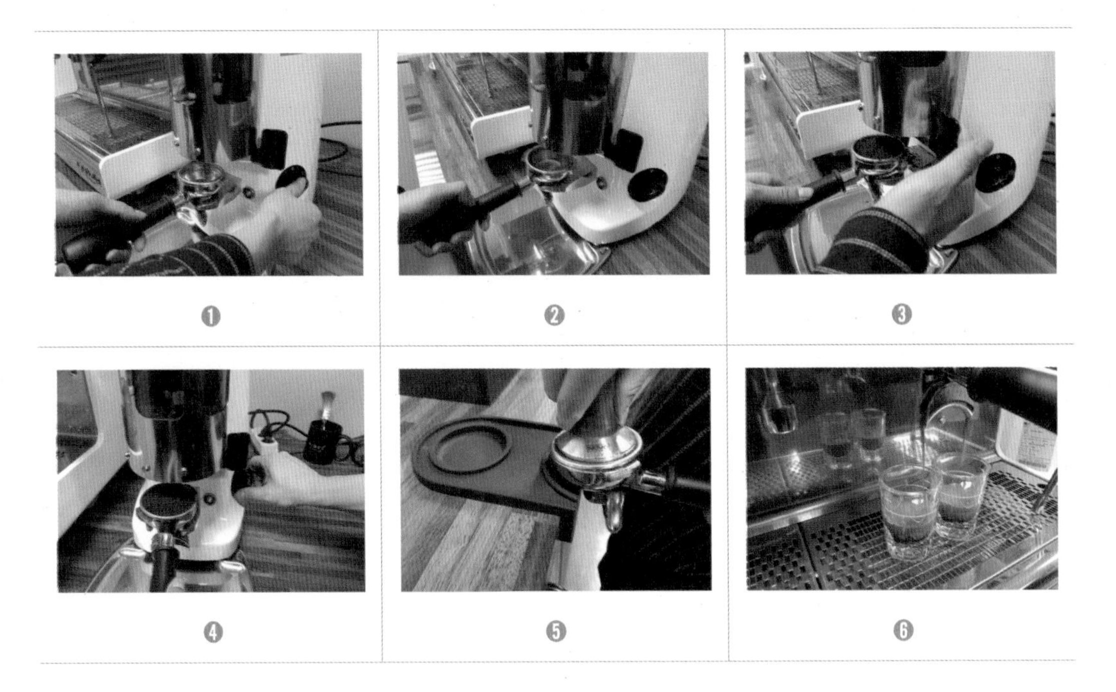

❶ 그라인더의 전원 스위치를 [ON]으로 돌린다.

❷ 포터 필터를 그라인더에 장착한다.

❸ 도저에 분쇄된 원두가 쌓이기 시작하면 도징 레버를 수차례 당긴다.

❹ 원하는 양만큼 포터 필터에 담기면 전원 스위치를 [OFF]로 돌린다.

❺ 도구나 손을 이용하여 레벨링을 해준 후 탬핑을 한다.

❻ 그룹 헤드에 포터 필터를 장착하여 추출한다.

2. 분쇄도 조절 (준비물 : 샷 글라스, 초 시계)

❶ 분쇄도 조절이 되지 않은 원두의 표면이 탬핑을 한 후 필터 바스켓 내부의 가이드 라인에 위치하

도록 조절하여 추출한다.

❷ 추출한 커피가 1Oz(30ml) 기준으로 '30±5초'보다 빠르게 추출된다면 그라인더의 분쇄 조절 디스크를 'Fine(가늘게)' 쪽으로, 느리게 추출된다면 'Coarse(굵게)' 쪽으로 이동시킨 후 ①과 동일하게 탬핑된 원두의 표면을 가이드 라인에 맞춘 후 추출한다.

❸ 분쇄도 조절이 이루어지지 않은 경우 ②의 과정을 반복한다.

연습 문제

01. 다음 중 그라인더의 분쇄도 조절에 영향을 미치는 부품은 무엇인가?

① 호퍼 (Hopper)

② 도저 (Doser) / 도징 체임버 (Dosing Chamber)

③ 도징 레버 (Dosing Lever)

④ 분쇄 조절 디스크

02. 그라인더 날의 종류 중 원추형으로 발열이 적으며 핸드밀에 주로 사용되는 날은 무엇인가?

① 칼날형 (Blade) ② 코니컬형 (Conical Burr)

③ 플랫형 (Flat Burr) ④ 롤형 (Roll)

03. 그라인더 날의 종류 중 회전 속도가 빠르지만 발열이 심하고 분쇄 입자가 균일하지 못한 특징을 가진 날은 무엇인가?

① 칼날형 (Blade) ② 코니컬형 (Conical Burr)

③ 플랫형 (Flat Burr) ④ 롤형 (Roll)

04. 그라인더의 날의 종류 중 분쇄 속도가 빠르고, 분쇄 입자가 균일하며 일정한 맛을 나타내는 특징을 가진 날은 무엇인가?

① 칼날형 (Blade)　　② 코니컬형 (Conical Burr)

③ 플랫형 (Flat Burr)　　④ 롤형 (Roll)

05. 다음 중 반자동형 그라인더에는 있지만 자동 그라인더에는 없는 것은 무엇인가?

① 호퍼 (Hopper)　　② 도저 (Doser) / 도징 체임버 (Dosing Chamber)

③ 전원 스위치　　④ 분쇄 조절 디스크

06. 다음 중 플랫형(Flat Burr) 그라인더의 장점이 아닌 것은?

① 적은 발열　　② 빠른 분쇄 속도

③ 균일한 분쇄 입자　　④ 균일한 맛 표현

▶▶ 연습 문제 해답 ◀◀

01 ④　02 ②　03 ①　04 ③　05 ②　06 ①

3.1 위생 관리

3.2 고객 서비스

UNIT 01

위생 관리

1.1 HACCP

1. HACCP의 정의

HACCP은 위해 '요소 분석(Hazard Analysis)'과 '중요 관리점(Critical Control Point)'의 영문 약자로서 '해썹' 또는 '식품 안전 관리 인증 기준'이라 한다.

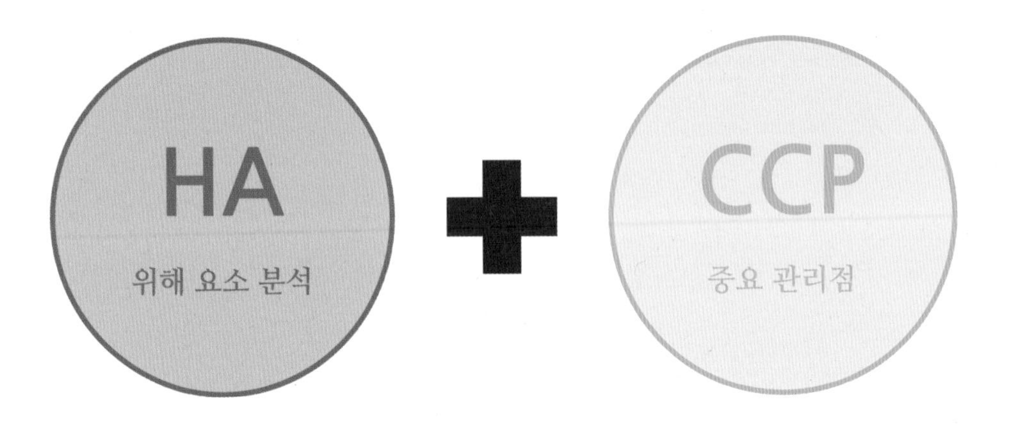

위해 요소 분석(Hazard Analysis)이란 인체에 신체적 위해를 가할 수 있는 해당 요인들을 미리 예측하고 사전에 파악하는 것을 의미하며, 중요 관리점(Critical Control Point)이란 위해 요소들을 예방하거나 허용 수준으로 감소시키기 위해 필수적으로 관리하여야 할 항목을 뜻한다.

즉 'HACCP'은 위해 방지를 위한 사전 예방적 식품 안전 관리 체계라 볼 수 있다.

HACCP은 '식품의 원재료'부터 '제조, 가공, 보존, 유통, 조리' 단계를 거쳐 최종 소비자가 섭취하기 전까지의 각 단계에서 발생할 우려가 있는 위해 요소를 분석하고, 이를 중점적으로 관리하기 위한 중요 관리점을 결정하여 자율적이며 체계적이고 효율적인 관리로 식품의 안전성을 확보하기 위한 과학적인 위생 관리 체계라고 할 수 있다.

2. HACCP의 유래

HACCP은 1959년 미국에서 NASA의 요청으로 우주 식품에 적합한 '무균' 상태의 식품을 만들기 위해 처음 시작되었다. 무균 상태의 식품을 만들기 위해서는 '원료, 공성' 완성에 이르는 모든 생산 요소의 철저한 위생 관리를 필요로 하는데, 이러한 생산 요소를 통제하고 규격화하기 위해 HACCP을 실시하게 되었다.

HACCP이 실시된 이후 1980년대에 대중화되기 시작하였으며 국내에서는 1995년 12월 29일 식품위생법에 HACCP 제도가 도입되었다.

3. HACCP의 7원칙

① 위해 요소 분석	– 원 · 부재료 및 제조공정 중 발생 가능한 잠재적인 위해 요소 도출 및 분석
② 중요 관리점 결정	– 확인된 위해요소를 제어할 수 있는 공정(단계) 결정
③ 한계 기준 설정	– 중요 관리점에서 위해 요소가 제어될 수 있는 공정 조건 설정
④ 모니터링 체계 확립	– 중요 관리점의 한계 기준을 벗어나는지 확인 가능한 절차 및 주기 설정
⑤ 개선 조치 방법 수립	– 모니터링 중 공정 조건이 한계 기준을 넘어서는 경우 개선 조치 방법 수립
⑥ 검증 절차 및 방법 수립	– HACCP 시스템이 유효하게 운영되고 있는지 확인할 수 있는 방법 수립
⑦ 문서화 및 기록 유지	– HACCP 관리 계획 및 기준을 문서화하고 관리 사항 기록 및 유지

1.2 식중독

1. 식중독의 정의

식중독은 인류가 깨끗하지 못한 물이나 음식물을 섭취함에 따라 나타나는 인체의 기능적인 장애로, '두드러기, 발열(두통), 구토, 설사, 복통' 등을 주된 증상으로 하는 소화기계, 신경계 등 전신 증세를 나타내는 질병을 말한다.

2. 식중독의 분류

대분류	중분류	소분류	인균 및 물질
미생물	세균성	독소형	황색포도상구균, 보툴리눔, 클로스트리디움
		감염형	살모넬라, 병원성 대장균, 바실러스,
	바이러스성	공기, 접촉, 물 등의 경로로 전염	노로 바이러스, 로타 바이러스, 간염A 바이러스
화학 물질	자연독	동물성 자연독에 의한 중독	북어독, 시가테라독
		식물성 자연독에 의한 중독	감자독, 버섯독
		곰팡이 독소에 의한 중독	황변미독, 맥가독, 아플라톡신
	화학적	고의 혹은 오용으로 첨가된 유해 물질	식품첨가물

		본의 아니게 잔류, 혼입된 유해 물질	잔류 농약, 유해성 금속 화합물
		제조 · 가공 · 저장 중 생성된 유해 물질	지질의 산화 생성물, 니트로소아민
		기타 물질에 의한 중독	메탄올
		조리 기구 · 포장에 의한 중독	구리, 납, 비소

3. 식중독 예방 3대 원칙

1) 청결과 소독의 원칙

식중독 예방에 가장 중요한 요소인 '청결과 소독'은 표면적인 깨끗함이 아닌 '재료와 조리 장소', '조리 기구', '조리원의 청결'에 이르는 광범위한 청결과 소독을 의미한다.

2) 신속의 원칙

식품을 보관하고 가공함에 있어 청결에 주의를 기울이더라도 식품을 무균 상태로 만든다는 것은 불가능하기 때문에, 식품에 있는 균들의 증식이 일어나기 전에 전 과정이 신속하게 이루어져야 한다.

3) 냉각 또는 가열의 원칙

세균은 종류에 따라 증식을 위한 최적의 온도가 서로 다르지만 식중독을 일으킬 수 있는 '식중독균'과 '부패균'은 사람의 체온(36~37℃)에서 증식이 활발하게 일어나며, '5℃에서 60℃'에 이르는 광범위한 온도에서 증식할 수 있으므로 식자재를 보관할 때에는 이 범위를 벗어나는 온도에서 보관하도록 한다.

UNIT 02

고객 서비스

2.1 고객의 정의

고객은 단순히 매장에 찾아오는 손님만이 아닌 '나'와 관련된 모든 사람이라 볼 수 있다. 고객은 '내부 고객'과 '외부 고객'으로 분류할 수 있는데, 내부 고객은 매장 내의 모든 종사자를 말하며 외부 고객은 매장 주변의 모든 사람들이라 볼 수 있다.

매장은 외부 고객의 만족에만 중점을 두기보다 내부 고객인 종사자들의 일의 만족도를 높여 외부 고객이 양질의 서비스를 제공받는 선순환이 이루어지도록 노력해야 한다.

2.2 서비스 종사자의 용모

❶ 머리는 단정히 정돈하고 머리가 긴 경우 묶어 준다.

❷ 너무 진한 화장이나 매니큐어(투명 제외)를 하지 않는다.

❸ 팔찌, 반지, 귀걸이 등 과도한 액세서리 착용을 지양한다.

❹ 상의와 하의가 너무 짧지 않고 단정한 옷을 착용한다.

❺ 신발은 구두를 착용하며 항상 깨끗이 유지한다.

2.3 서비스 종사자의 기본 자세

❶ 용모는 항상 단정한 상태를 유지한다.

❷ 신속하고 정확한 서비스를 제공하려 노력한다.

❸ 적극적이고 긍정적으로 일에 임한다.

❹ 밝은 표정과 미소로 고객을 응대한다.

❺ 듣기 편안하지만 또렷한 목소리로 고객과 대화한다.

2.4 서비스 종사자의 서빙 방법

❶ 서빙은 쟁반을 이용하며 고객의 오른 편에서 서빙한다.

❷ 2인 이상의 고객에게 서빙해야 할 경우 여성, 연장자, 남성 순으로 제공한다.

❸ 음료 잔의 손잡이와 스푼이 고객의 오른쪽에 위치하도록 서빙한다.

❹ 음료를 서빙할 때 음료 잔의 입이 닿는 부분에 손이 닿지 않도록 주의한다.

연습 문제

01. HACCP이 국내 식품위생법에 HACCP 제도라는 이름으로 도입된 연도는 언제인가?

① 1959　　② 1980　　③ 1995　　④ 2002

02. HACCP의 7원칙 중 중요 관리점에서 위해 요소가 제어될 수 있는 공정 조건을 설정하는 단계는 무엇인가?

(   )

03. 다음 중 미생물을 통해 공기, 접촉, 물 등의 경로로 전염되는 대표적인 식중독은 무엇인가?

① 세균성 식중독 ② 바이러스성 식중독 ③ 자연독 식중독 ④ 화학적 식중독

04. 식중독 예방 3대 원칙 중 식중독균을 비롯한 세균들이 활발히 증식할 수 있는 온도 범위에서 벗어난 온도에서 보관되어야 한다는 원칙은 무엇인가?

(   )

05. 식중독 예방 3대 원칙 중 청결에 주의를 기울이더라도 식품을 무균 상태로 만드는 것은 어렵기 때문에 전 과정이 빠르게 이루어져야 한다는 원칙은 무엇인가?

(   )

06. 다음 보기 중 고객과 관련된 설명으로 옳지 않은 것은 무엇인가?

① 고객은 크게 내부 고객과 외부 고객으로 나눌 수 있다.

② 내부 고객은 매장의 모든 종사자를 뜻한다.

③ 외부 고객은 매장 주변의 모든 사람을 뜻한다.

④ 오직 외부 고객의 만족이 중요하다.

07. 다음 보기 중 올바른 서비스 종사자의 기본 자세가 아닌 것은 무엇인가?

① 너무 진한 화장이나 매니큐어(투명 제외)를 하지 않는다.

② 팔찌, 반지, 귀걸이 등 과도한 액세서리 착용을 지양한다.

③ 상의와 하의가 너무 짧지 않고 단정한 옷을 착용한다.

④ 신발은 운동화나 슬리퍼를 착용하여 발에 무리가 가지 않도록 한다.

08. 다음 보기 중 올바른 서비스 종사자의 서빙 방법이 아닌 것은 무엇인가?

① 서빙은 쟁반을 이용하며 고객의 왼편에서 서빙한다.

② 2인 이상의 고객에게 서빙할 경우 여성, 연장자, 남성 순으로 제공한다.

③ 음료 잔의 손잡이와 스푼이 고객의 오른쪽에 위치하도록 서빙한다.

④ 음료를 서빙할 때 음료 잔의 입이 닿는 부분에는 손이 닿지 않도록 한다.

09. 서비스 종사자는 음료를 제공할 때 음료 잔의 손잡이와 스푼은 고객의 어느 쪽에 위치하도록 서빙해야 하는가?

( )

10. 서비스 종사자가 중년의 부부와 아들, 딸이 함께 온 테이블에 서빙을 할 경우 가장 먼저 서빙해야 할 고객은 누구인가?

① 중년 남성 ② 중년 여성 ③ 아들 ④ 딸

▶▶ 연습 문제 해답 ◀◀

01 ③ 02 한계 기준 설정 03 ② 04 냉각 또는 가열의 원칙 05 신속의 원칙

06 ④ 07 ④ 08 ① 09 오른쪽 10 ②

- 모의고사 1회
- 모의고사 2회
- 모의고사 3회
- 모의고사 4회

바리스타 자격 2급 필기 모의고사 [1회]

the 2nd Level Barista Certificate [1]

---

01. 다음 ( )에 들어갈 단어는 무엇인가?

커피의 유래는 6~7세기경 ( )에서 시작되었으며, 가장 널리 알려진 전설은 ( )의 전설이다.

① 에티오피아, 칼디 ② 예맨, 칼디

③ 에티오피아, 오마르 ④ 예맨, 오마르

02. 이슬람 사람들이 마시는 음료라 배척하였으나 커피에 세례를 주어 유럽에 전파할 수 있게 한 인물은 누구인가?

① 클레멘트 8세 ② 클레멘트 4세

③ 프로코피오 콜델리 ④ 클레멘트 6세

03. 다음 중 최초의 커피 하우스가 아닌 것은?

① 미국 – 거터리지 커피하우스 (Gutteridge Coffee House)

② 한국 – 정관헌 (JungGwanHeon)

③ 파리 – 커피숍 프로코프 (Cafe de Procope)

④ 영국 – 파스콰 로제 (Pacqua Rosée)

04. 다음 설명 중 커피 품종과 설명이 맞지 않는 것을 고르시오.

① Typica – 아라비카 원종에 가장 가까운 품종

② Caturra – 버번의 돌연변이종

③ Catuai – 버번과 카투라의 인공 교배종

④ Catimor – HDT(Hibrido de Timor)와 카투라의 인공 교배종

05. 적도 중심의 열대, 아열대 지역으로 커피를 재배하기 적합한 범위는 무엇인가?

① 남위 20℃ – 북위 20℃ ② 남위 25℃ – 북위 20℃

③ 남위 25℃ – 북위 25℃ ④ 남위 20℃ – 북위 25℃

06. 다음 중 커피 수확 방법이 아닌 것은 무엇인가?

① 펄핑 (Pulping) ② 핸드 피킹 (Hand Picking)

③ 스트리핑 (Stripping) ④ 기계 수확 (Mechanical Harvesting)

07. 커피의 3대 품종을 식물학적 명칭으로 쓰시오.

(/ /)

08. 다음 중 생두의 등급 분류 중 아닌 것은 무엇인가?

① 결점두에 의한 분류 ② 수분 함량에 의한 분류

③ 생산 고도에 의한 분류 ④ 스크린 사이즈에 의한 분류

09. 미세하게 분쇄된 커피 입자에 고압 · 고온의 물을 가해 빠르게 추출하는 방식의 커피를 무엇이라 하는가?

① 크레마 ② 에스프레소 ③ 더치 커피 ④ 핸드 드립

10. 다음 ( ) 안에 들어갈 단어를 쓰시오.

커피의 성분이 적게 나온 것은 ( ), 반대로 커피의 성분이 많이 나온 것을 ( )이라고 한다.

(/)

11. 다음 중 추출 과정으로 옳은 것을 고르시오.

① 포터 필터 건조 청결 – 물 흘리기 – 도징 – 레벨링 – 탬핑 – 그룹 헤드 장착 – 추출 – 포터 필터 청결

② 포터 필터 건조 청결 – 물 흘리기 – 레벨링 – 도징 – 탬핑 – 그룹 헤드 장착 – 추출 – 포터필터 청결

③ 포터 필터 건조 청결 – 물 흘리기 – 탬핑 – 도징 – 레벨링 – 그룹 헤드 장착 – 추출 – 포터 필터 청결

④ 포터 필터 건조 청결 – 레벨링 – 도징 – 탬핑 – 그룹 헤드 장착 – 물 흘리기 – 추출 – 포터 필터 청결

12. 다음 설명 중 틀린 것을 고르시오.

① 아메리카노 – 에스프레소에 물을 희석한 메뉴

② 콘파나 – 에스프레소 위에 휘핑 크림을 올린 메뉴

③ 카페라테 – 에스프레소에 우유를 넣은 메뉴

④ 도피오 – 에스프레소를 길게 추출한 메뉴

13. 다음 설명 중 틀린 것을 고르시오.

① 우유의 온도는 68℃ 이상 가열하면 단백질, 아미노산 등의 성분이 분해되어 우유의 비린내가 발생한다.

② 우유 표면에 마찰을 일으키면 열에 의해 풀어진 단백질이 공기를 가두게 되어 거품을 형성한다.

③ 온도가 40℃ 이상이 되면 우유 성분이 농축되므로 공기 주입은 온도가 올라간 후에 시작하는 것이 좋다.

④ 우유는 혼합을 통해 지방과 단백질을 붙여 거품의 밀도를 높여 준다.

14. 유당이 대장으로 들어가 미생물에 의해 분해되어 가스가 발생되고 이로 인해 복부의 경련, 팽배 등의 증상이 일어나는 현상을 무엇이라 하는가?

(　　　　　　　　　　　　　　　　　　)

15. 다음 우유의 대표 성분이 아닌 것을 고르시오.

① 수분　② 단백질　③ 구리　④ 지방

16. 다음 설명으로 맞는 것을 고르시오.

① 우유의 단백질은 20%의 카세인과 나머지 20%의 유청 단백질로 이루어져 있다.

② 우유의 단백질은 80%의 카세인과 나머지 20%의 유청 단백질로 이루어져 있다.

③ 우유의 단백질은 30%의 카세인과 나머지 70%의 유청 단백질로 이루어져 있다.

④ 우유의 단백질은 70%의 카세인과 나머지 30%의 유청 단백질로 이루어져 있다.

17. 에스프레소 머신의 종류 중 피스톤 방식을 사용하여 바리스타의 힘으로 압력을 가하는 머신은 무엇인가?

① 수동형 머신　② 반자동형 머신　③ 자동형 머신　④ 전자동형 머신

18. 그룹 헤드와 필터 홀더를 장착할 때 탄력이 느껴지지 않고 느슨하다면 교체해야 하는 소모품은 무엇인가?

(　　　　　　　　　　　　　　　　　　)

19. 에스프레소 머신의 청소가 주기적으로 필요한 이유가 아닌 것은 무엇인가?

① 맛의 일정성　② 높은 생산성　③ 위생과 청결　④ 고장을 방지

20. 그라인더 날의 종류 중 회전 속도가 빠르지만 발열이 심하고 분쇄 입자가 균일하지 못한 특징을 가진 날은 무엇인가?

① 칼날형 (Blade)　② 코니컬형 (Conical Burr)

③ 플랫형 (Flat Burr)　④ 롤형 (Roll)

21. 다음 중 플랫형(Flat Burr) 그라인더의 장점이 아닌 것은?

① 적은 발열　② 빠른 분쇄 속도　③ 균일한 분쇄입자　④ 균일한 맛 표현

22. 그라인더 날의 종류 중 가장 가격이 저렴하며, 분쇄 속도가 빠르지만 분쇄 입자가 균일하지 못하고 발열이 심한 단점이 있는 그라인더는 무엇인가?

(　　　　　　　　　　　　　　　　　　　)

23. 다음 중 그라인더의 분쇄도 조절에 영향을 미치는 부품은 무엇인가?

① 호퍼 (Hopper)　② 도저 (Doser)

③ 도징 레버 (Dosing Lever)　④ 분쇄 조절 디스크

24. HACCP이 국내 식품 위생법에 도입된 연도는 언제인가?

① 1959년　② 1980년　③ 1995년　④ 2002년

25. 다음 중 미생물을 통해 공기, 접촉, 물 등의 경로로 전염되는 대표적인 식중독은 무엇인가?

① 세균성 식중독　② 화학적 식중독　③ 자연독 식중독　④ 바이러스 식중독

26. HACCP의 7원칙 중 중요 관리점에서 위해 요소가 제어될 수 있는 공정 조건을 설정하는 단계는 무엇인가?

(　　　　　　　　　　　　　　　　　　　)

27. 다음 보기 중 고객과 관련된 설명으로 옳지 않은 것은 무엇인가?

① 고객은 크게 내부 고객과 외부 고객으로 나눌 수 있다.

② 내부 고객은 매장의 모든 종사자를 뜻한다.

③ 외부 고객은 매장 주변의 모든 사람을 뜻한다.

④ 오직 외부 고객의 만족이 중요하다.

28. 다음 보기 중 올바른 서비스 제공 방법이 아닌 것은 무엇인가?

① 서빙은 쟁반을 이용하며 고객의 왼쪽에서 제공한다.

② 2인 이상의 고객에게 서빙할 때 여성, 연장자, 남성 순으로 제공한다.

③ 음료의 잔과 스푼 손잡이가 고객의 오른쪽에 위치하도록 한다.

④ 음료를 제공할 때 잔 상단 입이 닿는 부분에 손이 닿지 않도록 한다.

29. 서비스 종사자가 중년의 부부와 아들, 딸이 함께 온 테이블에 서빙을 할 경우 가장 먼저 제공해야 할 고객은 누구인가?

① 중년 남성　　② 중년 여성　　③ 아들　　④ 딸

30. HACCP의 7원칙 중 결정된 중요 관리점의 한계 기준에서 벗어나는지 확인할 수 있는 절차와 주기를 설정하는 단계는 무엇인가?

(　　　　　　　　　　　　　　　　　　　)

바리스타 자격 2급 필기 모의고사 [2회]

the 2nd Level Barista Certificate [2]

---

01. 커피 어원의 지역(국가)별 명칭이 아닌 것은 무엇인가?

① Kaffa ② Kahve ③ Coffea ④ Qahwah

02. 다음 (　　)에 들어갈 단어는 무엇인가?

1688년 에드워드 로이드(Edward Lloyd)가 런던에 커피 하우스를 열었고, 이는 오늘날의 세계적인 로이드 보험 회사로 발전하는 계기가 되었다. 또한 옥스퍼드에서는 (　　　)라는 사교 클럽이 생겨나기도 했다.

① 로얄 소사이어티 (The Royal Society)

② 노블 소사이어티 (The Noble Society)

③ 로이드 소사이어티 (The Lloyd Society)

④ 그랜드 소사이어티 (The grand Society)

03. 다음 설명 중 커피 체리에 대한 내용으로 맞는 것은 무엇인가?

① 커피 체리는 겉면부터 외과피–과육–내과피–은피–생두로 이루어져 있다.

② 커피 체리는 겉면부터 외과피–과육–은피–내과피–생두로 이루어져 있다.

③ 체리 안에 세 개의 생두가 들어 있는 경우 이를 피베리라 칭한다.

④ 체피 안에 세 개의 생두가 들어 있는 경우 이를 플랫빈이라 칭한다.

04. 아라비카와 로부스타 중 카페인 함량이 더 많은 것은 무엇인가?

(　　　　　　　　　　　　　　　　)

05. 커피 나무에 대한 설명으로 틀린 것을 고르시오.

① 커피 나무는 꼭두서닛과(Rubiaceae)의 코페아(Coffea)속(屬) 다년생 쌍떡잎 식물로 열대성 상록 교목이다.

② 열매는 빨간색으로 둥근 형태이며, 길이는 2~3mm로 체리와 비슷하게 생겼다.

③ 잎은 타원형으로 길쭉한 형태를 띠며, 색은 짙은 청록색으로 광택이 난다.

④ 꽃잎은 흰색으로 자스민향이 나고 아라비카는 7장, 로부스타 5장이다.

06. 다음 중 가공 방법이 아닌 것을 고르시오.

① 세미워시드 프로세싱 ②밀링 프로세싱

③ 허니 프로세싱 ④내추럴 프로세싱

07. 다음 설명 중 옳은 것을 고르시오.

프라이머리 디펙트(Primary Defect)와 퀘이커는 한 개도 허용되지 않으며, 풀 디펙트(Full Defect)가 5개 이내, 커핑 점수 80점 이상이어야 한다.

① 스탠다드 그레이드 (Standard Grade)

② 프리미엄 그레이드 (Premium Grade)

③ 스페셜티 그레이드 (Specialty Grade)

④ 엑설런스 그레이드 (Excellence Grade)

08. 다음 ( )안에 들어갈 단어는 무엇인가?

스페셜티 협회(Specialty Coffee Association) 기준에 따르면, 에스프레소 한 잔의 분쇄 커피 양은( )g, 추출 시간은 ( )초, 추출량은 ( )ml이다.

① 5~7g, 20~30초, 20~30mL

② 7~10g, 20~30초, 20~30mL

③ 5~7g, 25~35초, 25~35mL

④ 7~10g, 20~30초, 25~35mL

09. 커피 원두에 포함되어 있는 오일이 증기에 노출되어 표면 위로 떠오른 것으로 커피 향을 담고 있는 성분은 무엇인가?

(   )

10. 뜨거운 아메리카노에 휘핑 크림을 올린 메뉴로 '비엔나'라고도 불린다. 이 커피의 이름은 무엇인가?

① 리스트레토　　② 룽고

③ 아인슈페너　　④ 샤케라토

11. 이탈리아어로 '흔들다(Shake)'라는 뜻으로 셰이커에 에스프레소와 얼음, 물을 넣고 흔들어 제조한 커피로서 풍부한 거품이 특징인 이 커피의 이름은 무엇인가?

(   )

12. 다음 설명으로 맞는 것을 고르시오.

> 더블 에스프레소(Double Espresso)를 뜻하며 더블 샷(Double Shot) 혹은 투 샷(Two Shot)이라고도 한다.

① 룽고　　② 리스트레토　　③ 에스프레소　　④ 도피오

13. 우유의 단맛을 내는 성분은 무엇인가?

① 단백질　　② 지방　　③ 탄수화물　　④ 무기질

14. 형태가 동그란 구형으로 우유 거품 제조 시 거품의 안정화 역할을 해주는 성분은 무엇인가?

(   )

15. 다음 설명 중 틀린 것을 고르시오.

① 카세인은 우유의 성분들이 물과 원활하게 결합할 수 있게 해준다.

② 카세인은 칼슘이나 인과 같은 무기질의 흡수를 촉진시킨다.

③ 락트알부민은 우유의 비린내의 요인이 되고, 락토페린은 우유의 항균 성분이다.

④ 유청 단백질은 베타-락토글로불린, 락토알부민, 락토페린 등 지용성 단백질로 구성된다.

16. 다음 에스프레소 기계 스팀 압력으로 알맞은 것을 고르시오.

① 1 ~ 1.5bar ② 1 ~ 1.25bar ③ 1 ~ 1.75bar ④ 1 ~ 2bar

17. 최초로 피스톤 방식의 에스프레소 머신을 발명하여 크레마를 포함한 현재의 에스프레소의 형태를 추출 가능하게 한 사람은 누구인가?

① 루이지 베제라 (Luigi Bezzera)

② 아킬레 가지아 (Achille Gaggia)

③ 데지데리오 파보니 (Desiderio Pavoni)

④ 산타이스 (Edourard Loysel de Santais)

18. 에스프레소 머신의 소모품 중 그룹 헤드와 필터 홀더 간의 장착이 느슨하고 탄력이 느껴지지 않을 경우 교체해야 되는 소모품은 무엇인가?

① 가스켓 ② 샤워 스크린 ③ 정수 필터 ④ 샤워 홀더

19. 에스프레소 머신의 소모품 중 기존의 커피에서 부정적인 변화(녹맛)가 나타날 경우 교체해야 하는 소모품은 무엇인가?

( )

20. 에스프레소 머신의 소모품 중 추출 시 물이 고르게 나오지 않고 특정 부분에서 분출될 경우 교체해야 하는 소모품은 무엇인가?

① 가스켓 ② 샤워 스크린 ③ 정수 필터 ④ 스프링

21. 에스프레소 머신의 부품 중 전자 신호를 받아 물의 흐름을 관여하는 부품은 무엇인가?

( )

22. 그라인더 날의 종류 중 분쇄 속도가 빠르고, 분쇄 입자가 균일하며 일정한 맛을 나타내는 특징을 가진 날은 무엇인가?

① 칼날형 (Blade) ② 코니컬형 (Conical Burr)

③ 플랫형 (Flat Burr) ④ 롤형 (Roll)

23. 바리스타가 에스프레소 세팅을 하는 변수 중 원두 입자의 크기를 변경하기 위해 조절해야 하는 그라인더 부품은 무엇인가?

( )

24. 그라인더 날의 종류 중 원추형으로, 발열이 적으며 핸드밀에 주로 사용되는 날은 무엇인가?

① 칼날형(Blade) ② 코니컬형(Conical Burr)

③ 플랫형(Flat Burr) ④ 롤형(Roll)

25. 다음 그라인더의 특징이 맞게 연결된 것은 무엇인가?

① 플랫형 (Flat Burr) – 분쇄 속도가 빠르며 분쇄 입자가 균일하다.

② 칼날형 (Blade) – 분쇄 속도가 느리며 발열이 적다.

③ 코니컬형 (Conical Burr) – 분쇄 속도가 빠르며 발열이 적다.

④ 롤형 (Roll) – 분쇄 속도가 빠르며 분쇄 입자가 불균일하다.

26. 다음 보기 중 올바른 서비스 종사자의 기본자세가 아닌 것은 무엇인가?

① 너무 진한 화장이나 매니큐어(투명 제외)를 하지 않는다.

② 팔찌, 반지, 귀걸이 등 과도한 액세서리 착용을 지양한다.

③ 상의와 하의가 너무 짧지 않고 단정한 옷을 착용한다.

④ 신발은 운동화나 슬리퍼를 착용하여 발에 무리가 가지 않도록 한다.

27. 식중독 예방 3대 원칙 중 청결에 주의를 기울이더라도 식품을 무균 상태로 만드는 것은 어렵기 때문에 전 과정이 빠르게 이루어져야 한다는 원칙은 무엇인가?

( )

28. 다음 식중독 예방 3대 원칙이 아닌 것은 무엇인가?

① 청결과 소독의 원칙

② 신속의 원칙

③ 소독의 원칙

④ 냉각 또는 가열의 원칙

29. 서비스 종사자의 기본 자세가 아닌 것은 무엇인가?

① 용모는 항상 단정한 상태를 유지한다.

② 정확한 서비스를 위해 천천히 서빙한다.

③ 밝은 표정과 미소로 고객을 응대한다.

④ 적극적이고 긍정적으로 일에 임한다.

30. 고객의 종류 중 매장 내에 종사하는 모든 종사자를 뜻하는 고객은 무엇인가?

( )

바리스타 자격 2급 필기 모의고사 [3회]

the 2nd Level Barista Certificate [3]

---

01. 1600년경 커피 씨앗을 몰래 훔쳐서 인도 마이소어(Mysore) 지역에 심어 재배한 인물은 누구인가?

① 바바 부단 (Baba Budan)

② 파스콰 로제 (Pacqua Rosée)

③ 프로코피오 콜텔리 (Procopie dei Coltelli)

④ 피터 반 덴 브루케 (Pieter van den Broecke)

02. 1686년 파리 최초의 커피 하우스인 커피숍 프로코프(Cafe de Procope)를 연 인물은 누구인가?

① 에드워드 로이드 (Edward Lloyd)

② 프로코피오 콜텔리 (Procopie dei Coltelli)

③ 파스콰 로제 (Pacqua Rosée)

④ 끌리외 (Gabriel Mathieu de Clieu)

03. 1615년 베니스의 무역상으로 부터 유럽에 커피가 전파된 나라는 어디인가?

① 포르투갈 ② 영국 ③ 이탈리아 ④ 프랑스

04. 다음 (　　)에 들어갈 알맞은 단어는 무엇인가?

1896년 (　　　　　)당시 고종 황제는 러시아 공사관으로 피신을 하였는데 이때 러시아 공사관인 베베르(Karl Ivanovich Weber)를 통해 커피를 처음 접하였고, 덕수궁 안에 (　　　　)이라는 곳을 지어 커피를 즐겼다고 한다.

(　　　　　　　　　/　　　　　　　　　)

05. 다음 설명 중 틀린 것을 고르시오.

① 아라비카 품종은 해발 고도 800~2000m, 로부스타는 해발 고도 700m이하에서 재배된다.

② 아라비카는 타가 수분, 로부스타는 자가 수분을 한다.

③ 아라비카는 연평균 적정 강수량이 1500~2000mm이다.

④ 아라비카는 로부스타보다 병충해에 약하다.

06. 다음 커피 생산국의 분류 기준으로 잘못된 것은 무엇인가?

① 코스타리카 수프리모 ② 케냐 AA

③ 과테말라 SHB ④ 멕시코 SHG

07. 다음 ( ) 안에 들어갈 말을 쓰시오.

커피 품질에 영향이 강한 결점두는 ( ) 디펙트이며, 비교적 영향이 적은 결점두를 ( ) 디펙트라고 분류한다.

(/)

08. 체리와 씨앗을 분리하기 위해 압착하는 기계를 '펄퍼'라 하는데 다음 중 펄퍼의 종류가 아닌 것은 무엇인가?

① 디스크 펄퍼 (Disk Pulper) ② 스크린 펄퍼 (Screen Pulper)

③ 드럼 펄퍼 (Drum Pulper) ④ 로터리 펄퍼 (Rotary Pulper)

09. 다음 설명으로 맞는 것을 쓰시오.

잘 익은 열매만을 골라 따는 방식으로 커피 품질이 뛰어나지만 많은 노동력과 인건비 부담의 단점이 있다.

( )

10. 다음 중 국가별 커피의 전파 연혁으로 알맞지 않은 내용을 고르시오.

① 1615년, 교황에 의해 널리 알려진 커피를 가리켜 유럽인들은 '이슬람인들이 마시는 음료'라는 이유로 배척하기 시작하였다.

② 1645년, 이탈리아 지역에 유럽 역사 상 최초의 커피 하우스가 등장하게 되었다.

③ 1723년, 해군 장교로 근무하던 끌리외가 카피브해에 있는 마르티니크 섬에 커피를 심었고 이후 카리브해와 중남미 지역에 커피가 전파되었다.

④ 1896년, 조선의 고종 황제는 러시아 공사관으로 피신을 하였다가 당시 러시아 공사로 부임해 있던 베베르로부터 커피를 처음 접하고 귀궁 후 덕수궁에 '정관헌'을 지어 커피를 즐기게 되었다.

11. 기준보다 가는 커피 분쇄 입자에 높은 온도로 에스프레소를 추출하면 잘못된 추출 결과가 나오는데 이를 무엇이라 하는가?

( )

12. 다음 설명 중 알맞은 것을 고르시오.

룽(Long)의 의미로서, 일반적인 에스프레소보다 추출 시간을 길게 하여 40mL 이상 추출된 에스프레소

① 리스트레토 ② 룽고 ③ 도피오 ④ 콘파나

13. 다음 에스프레소 메뉴 설명으로 틀린 것을 고르시오.

① 콘파나 (Caffè Con Panna) – 에스프레소 위에 휘핑 크림을 올린 메뉴

② 리스트레토 (Ristretto) – 에스프레소보다 추출 시간을 짧게 하여 15mL 이하로 추출된 에스프레소

③ 아인슈패너 (Caffè Einspänner) – 뜨거운 아메리카노 위에 우유 거품을 얹은 메뉴

④ 아메리카노 (Americano) – 에스프레소에 물을 희석한 메뉴

14. 우유를 높은 온도로 가열했을 때 냄새(가열취)가 나는 요인이 되며, 우유 표면에 얇은 막을

생기게 하는 성분은 무엇인가?

① 베타-락토글로불린 ② 락토알부민

③ 락토페린 ④ 갈락토즈

15. 다음 단백질 성분이 아닌 것을 고르시오.

① 베타-락토글로블린 ② 카세인

③ 락토알부민 ④ 갈락토즈

16. 우유의 무기질을 흡수시키고 흰색을 띠게 하는 성분은 무엇인가?

① 카세인 ② 베타-락토글로불린

③ 락토알부민 ④ 락토페린

17. 다음 설명 중 잘못된 것은 무엇인가?

① 우유의 대표 성분은 수분, 단백질, 탄수화물, 지방, 무기질 등으로 구성되어 있다.

② 우유에는 약 88%의 수분을 함유하고 있다.

③ 유청 단백질은 베타-락토글로불린, 락토알부민, 락토페린으로 등으로 구성되어 있다.

④ 수분 다음으로 많은 성분은 지방이다.

18. 다음 우유 스티밍에 대한 설명으로 틀린 것은 무엇인가?

① 우유 스티밍의 압력은 1~1.5bar이다

② 너무 높은 온도로 우유 스티밍을 할 시 우유에서 비린내가 발생한다.

③ 공기 주입은 온도가 40℃ 이상이 되었을 때 시작하는 것이 좋다.

④ 우유 스티밍은 공기 주입과 혼합의 순서로 이루어진다.

19. 에스프레소 머신의 종류 중 별도의 그라인더를 사용하고 플로우 미터가 존재하여 추출량 세팅이 가능한 머신은 무엇인가?

① 수동형 머신　② 반자동형 머신　③ 자동형 머신　④ 전자동형 머신

20. 에스프레소 머신의 종류 중 별도의 그라인더를 사용하고 플로우 미터가 존재하지 않아 [On/Off] 버튼으로만 바리스타가 추출을 직접 조절할 수 있는 머신은 무엇인가?

① 수동형 머신　② 반자동형 머신　③ 자동형 머신　④ 전자동형 머신

21. 에스프레소 머신의 소모품 중 기존의 커피에서 부정적인 변화(녹맛)가 나타날 경우 교체해야 되는 소모품은 무엇인가?

① 가스켓　② 샤워 스크린　③ 정수 필터　④ 샤워 홀더

22. 에스프레소 머신의 소모품 중 추출 시 발생하는 고온, 고압의 물이 새지 않도록 도와주는 소모품은 무엇인가?

(　　　　　　　　　　)

23. 다음 중 반자동형 그라인더에는 있으나 자동 그라인더에는 없는 것은 무엇인가?

① 호퍼 (Hopper)　② 도저 (Doser)　③ 전원 스위치　④ 분쇄 조절 디스크

24. 그라인더 내부에 메모리 칩이 내장되어 바리스타가 세팅한 시간 동안만 분쇄하는 그라인더는 무엇인가?

(　　　　　　　　　　)

25. 다음 세균성 식중독의 원인 중 독소형 인균에 의한 감염으로 분류되지 않는 것은 무엇인가?

① 바실러스　② 황색포도당상구균

③ 보툴리늄　④ 클로스트리디움

26. 분쇄 속도가 빠르고 분쇄 입자가 균일하지만, 발열이 심한 그라인더 날의 종류는 무엇인가?

(　　　　　　　　　　)

27. HACCP의 7원칙 중 원재료와 제조 공정에서 발생할 수 있는 잠재적인 위해 요소를 도출하고 분석하는 단계는 무엇인가?

(   )

28. HACCP의 7원칙 중 다음 설명에 해당하는 것을 고르시오.

중요 관리점의 한계 기준을 벗어나지 않는지 확인할 수 있는 절차 및 주기 설정

① 중요 관리점 결정
② 모니터링 체계 확립
③ 개선 조치 방법 수립
④ 한계 기준 설정

29. 서비스 종사자가 음료를 제공할 때 음료의 잔과 스푼 손잡이는 고객을 기준하여 어느 방향으로 제공되어야 하는가?

(   )

30. 식중독 예방 3대 원칙 중 식중독균을 비롯한 세균들이 활발히 증식할 수 있는 온도 범위에서 벗어난 온도에서 보관되어야 한다는 원칙은 무엇인가?

(   )

바리스타 자격 2급 필기 모의고사 [4회]

the 2nd Level Barista Certificate [4]

---

01. 커피의 나라별 명칭으로 알맞게 짝지어지지 않은 것은 무엇인가?

① 터키 – Kahue ② 이탈리아 – Cafe ③ 독일 – Kaffee ④ 네덜란드 – Koffie

02. 다음 설명으로 맞는 것을 고르시오.

① 커피 나무는 외떡잎 식물로 열대성 상록 교목이다.

② 열매는 녹색으로 작고 동그랗게 생겼다.

③ 꽃잎은 흰색으로 아바리카 5장, 로부스타 7장이다,

④ 잎은 뾰족한 타원형으로 짧은 형태를 띠며, 짙은 청록색이다.

03. 생두 단면의 가운데 홈을 무엇이라 부르는가?

( )

04. 다음 중 건조 과정에 대한 설명으로 옳지 않은 것을 고르시오.

① 커피의 수분 함량을 12%로 낮추기 위한 과정이다.

② 콘크리트나 아스팔트에 체리를 펼쳐 놓은 후 갈퀴로 뒤집어 골고루 말린다.

③ 건조는 기계 건조와 햇볕 건조 방법이 있다.

④ 기계 건조는 체리 상태로 건조기에 넣어 말린다.

05. 생두의 국가별 분류로 맞지 않은 것을 고르시오.

① 생산 고도에 의한 분류

② 결점두에 의한 분류

③ 스크린 사이즈에 의한 분류

④ 수분 함량에 의한 분류

06. 재배와 수확, 가공까지의 모든 과정에서 생길 수 있는, 여러 가지 이유로 손상된 생두를 무엇이라 하는가?

( )

07. 다음 중 커피 품종별 설명으로 맞지 않는 것은 무엇인가?

① Typica – 아라비카 원종에 가장 가까운 품종

② Maragogype – 티피카와 타 품종의 자연 교배종

③ Caturra – 버번의 돌연변이 품종

④ Kent – 인도 고유 품종

08. 다음 중 체리 껍질을 벗기지 않고 그대로 건조하는 '건식법'의 과정에 속하지 않는 항목은 무엇인가?

① 이물질 제거 ② 분리 ③ 건조 ④ 점액질 제거

09. 20세기 초반 이탈리아에서 유래된 커피로 미세하게 분쇄된 커피 입자에 고압, 고온의 물을 가해 빠르게 추출하는 방식의 커피를 무엇이라 하는가?

( )

10. 에스프레소 추출 조건으로 스페셜티 기준이 아닌 것을 고르시오.

① 분쇄 커피양 7~10g ② 추출량 25~35ml

③ 추출 시간 20~30초 ④ 추출 시간 25~35초

11. 제대로 발육되지 않거나 안 익은 체리로 수확되어 로스팅 시 색이 다르게 나타나는 원두를 무엇이라 하는가?

( )

12. 에스프레소에 소량의 우유 거품을 올린 메뉴의 명칭은 무엇인가?

(   )

13. 다음 설명으로 틀린 것을 고르시오.

① 우유의 대표 성분은 수분, 단백질, 탄수화물, 지방으로 구성되어 있다.

② 우유는 약 88%의 수분을 함유하고 있다.

③ 우유의 단백질은 50%의 카세인과 50%의 유청 단백질로 이루어져 있다.

④ 탄수화물은 유당으로 포도당과 갈락토즈가 1대1로 결합되어 만들어진 이당류이다.

14. 다음 설명으로 맞는 것을 고르시오.

① 우유의 온도가 80℃ 이상이 되면 우유 성분이 농축되어 단백질이 응고돼 공기주입은 온도가 올라가기 전에 마치는 것이 좋다.

② 우유의 온도가 40℃ 이상이 되면 우유 성분이 농축되어 단백질이 응고돼 공기주입은 온도가 올라가기 전에 마치는 것이 좋다.

③ 우유는 58℃ 이상이 되면 단백질, 아미노산 등의 성분이 분해되어 우유의 비린내가 발생하므로 너무 높은 온도로 우유 스티밍을 하지 않는 것이 좋다.

④ 우유는 38℃ 이상이 되면 단백질, 아미노산 등의 성분이 분해되어 우유의 비린내가 발생하므로 너무 높은 온도로 우유 스티밍을 하지 않는 것이 좋다.

15. 굵은 분쇄 입자와 적은 커피양으로 짧은 시간 커피 추출을 했을 때, 커피의 성분이 적게 추출된 것을 무엇이라 하는가?

(   )

16. 에스프레소 머신의 소모품 중 압력의 누출을 방지하는 것으로 고무로 만들어진 것을 무엇이라 하는가?

① 가스켓　　② 정수 필터

③ 샤워 스크린　　④ 샤워 홀더

17. 에스프레소 머신의 소모품별 교체 시기가 알맞게 연결된 것을 고르시오.

① 샤워 홀더 - 3개월　　② 샤워 스크린 - 6개월

③ 정수 필터 - 3개월　　④ 가스켓 - 6개월

18. 우유를 데우거나 거품을 만들 때 사용하는 도구는 무엇인가?

① 스팀 피쳐　　② 스팀 밸브　　③ 스팀 노즐　　④ 스팀 팁

19. 에스프레소 머신의 종류 중 피스톤 방식으로 바리스타가 직접 가압을 하여 추출하는 머신은 무엇인가?

( )

20. 1901년 에스프레소 머신의 특허를 출원하여 최초의 상업용 에스프레소 머신을 만든 인물을 고르시오.

① 데지데리오 파보니 (Desiderio Pavoni)

② 루이지 베제라 (Luigi Bezzera)

③ 아킬레 가지아 (Achille Gaggia)

④ 산타이스 (Edourard Loysel de Santais)

21. 에스프레소 머신의 종류 중 별도의 그라인더를 사용하고 플로우 미터가 존재하지 않아 [On/Off] 버튼으로만 바리스타가 추출을 조절할 수 있는 머신은 무엇인가?

① 수동형 머신　　② 반자동형 머신　　③ 자동형 머신　　④ 전자동형 머신

22. 가스켓은 어떤 재질로 제작되는지 고르시오.

① 구리　　② 스테인레스　　③ 고무　　④ 플라스틱

23. 다음 국가 중 원두를 생산 고도에 기준하여 분류하지 않는 나라는 어디인가?

① 인도네시아 ② 멕시코 ③ 과테말라 ④ 코스타리카

24. 수확하여 1~2년이 경과하여, 11% 이하의 수분 함량을 가진 생두를 무엇이라 부르는가?

( )

25. 반자동형 그라인더에서 분쇄된 원두를 일시적으로 보관하는 공간을 무엇이라 하는가?

( )

26. 플랫 버(Flat Burr)의 설명으로 맞는 것을 고르시오.

① 날이 평평하며 상단의 날은 고정된 상태로 하단의 날이 회전하며 분쇄한다.

② 날이 평평하며 하단의 날은 고정된 상태로 상단의 날이 회전하며 분쇄한다.

③ 입체적인 두 개의 날 중 원추형 날이 회전하며 분쇄한다.

④ 입체적인 두 개의 날 중 평평한 날이 회전하며 분쇄한다.

27. 고객은 '나'와 관련된 모든 사람이라 볼 수 있는데, 그 중 매장 주변의 모든 사람을 뜻하는 고객의 유형은 무엇인가?

( )

28. 다음 보기 중 미생물을 통해 공기, 접촉, 물 등의 경로로 전염되는 대표적인 식중독은 무엇인가?

① 세균성 식중독 ② 자연독 식중독

③ 바이러스성 식중독 ④ 화학적 식중독

29. 식중독 예방 3대 원칙 중 청결에 주의를 기울이더라도 식품을 무균 상태로 만드는 것은 어렵기 때문에 전 과정이 빠르게 이루어져야 한다는 원칙은 무엇인가?

① 신속의 원칙 ② 청결의 원칙

③ 냉각 또는 가열의 원칙 ④ 소독의 원칙

30. 에스프레소의 추출 시간을 짧게 하여 15mL 이하로 추출된 것을 무엇이라 하는가?

(   )

APPENDIX

부록

- 모의고사 정답
- 검정 기준 안내

바리스타 자격 2급 필기 모의고사 정답

Answers for Trial Tests

▶▶ 모의고사 1회 정답 ◀◀

01	①	02	①	03	②	04	③	05	③
06	①	07	코페아속 아라비카, 코페아속 카네포라, 코페아속 리베리카						
08	②	09	②	10	과소 추출, 과다 추출			11	①
12	④	13	③	14	유당 불내증	15	③	16	②
17	①	18	가스켓	19	②	20	①	21	①
22	칼날형 그라인더			23	④	24	③	25	④
26	한계 기준 설정			27	④	28	①	29	②
30	모니터링 체계 확립								

▶▶ 모의고사 2회 정답 ◀◀

01	③	02	①	03	①	04	로부스타	05	④
06	②	07	③	08	④	09	크레마	10	③
11	샤케라토	12	④	13	③	14	지방구	15	④
16	①	17	②	18	①	19	정수 필터	20	②
21	플로우 미터	22	③	23	분쇄조절디스크	24	②	25	①
26	④	27	신속의 원칙	28	③	29	②	30	내부 고객

▶▶ 모의고사 3회 정답 ◀◀

01	①	02	②	03	③	04	아관파천, 정관헌		
05	②	06	①	07	프라이머리, 세컨더리			08	④
09	핸드 피킹	10	①	11	과다 추출	12	②	13	③
14	①	15	④	16	①	17	④	18	③
19	③	20	②	21	③	22	가스켓	23	②
24	자동형 그라인더			25	①	26	플랫형 (Flat Burr)		
27	위해 요소 분석			28	②	29	오른쪽		
30	냉각 또는 가열의 원칙								

▶▶ 모의고사 4회 정답 ◀◀

01	②	02	③	03	센터컷 (Center Cut)			04	④
05	④	06	결점두	07	②	08	④	09	에스프레소
10	④	11	퀘이커	12	에스프레소 마키아토			13	③
14	②	15	과소 추출	16	①	17	②	18	①
19	수동형 머신	20	②	21	②	22	③	23	①
24	패스트 크롭	25	도저 (도징 체임버)			26	①	27	외부 고객
28	③	29	①	30	리스트레토 (Ristretto)				

바리스타 자격 2급 검정 기준 안내

Introduction for the 2nd Level Barista Certificate

▶▶ 2급 자격증 검정 안내 ◀◀

커피 원두에 대한 이해와 지식을 갖추고 커피를 정확하게 추출하여 에스프레소와 카푸치노를 제조할 수 있는 능력을 평가하는 검정이다.

▶▶ 2급 자격증 검정 기준 ◀◀

필기 (50분)	실기 (13분)
• 커피의 이해 • 커피 추출의 이해 • 에스프레소 기계의 이해 • 에스프레소 그라인더의 이해 (분쇄도 조절 포함) • 매장 관리의 이해	• 사전 준비 • 에스프레소 추출 • 카푸치노 추출 • 정리

▶▶ 2급 자격증 평가 기준 ◀◀

평가 방법		평가 사항	
필기 시험	실기 시험	필기 시험	실기 시험
필기 감독 2인 총 2인이 시험지 배부 및 채점 • 객관식 20문항 • 주관식 10문항	기술 평가 1인 감각 평가 1인 총 2인이 평가표 제출 • 기술 평가(60점) • 감각 평가(40점)	-	1. 에스프레소 기계 작동 및 사전 준비에 대한 이해 2. 에스프레소 추출의 숙련도와 청결 및 정리 정돈의 이해 3. 우유 스티밍의 숙련도와 카푸치노 제조의 숙련도 4. 기물 및 작업 공간 청결에 대한 이해